Bahnhöfe der Welt

Martin Weltner

Bahnhöfe der Welt

Spektakuläre
Hauptbahnhöfe &
erstaunliche
Provinzstationen

GeraMond

INHALT

Bild Seite 2: Gleisverlauf und Gebäude des Hauptbahnhofes im Ortsteil Gundeldingen in Basel | picture alliance/ZB/euroluftbild

▶ Der Simplon-Express mit der Dampflokomotive A 3/5 703 im Bahnhof Genf, aufgenommen im Jahr 1906. Bereits 1858 war Genf an das Eisenbahnnetz angeschlossen worden. | picture alliance/KEYSTONE

VORWORT

Fast 200 Jahre ist es her, seit im englischen Darlington der erste Bahnhof der Welt geschaffen und somit dem reisenden Publikum die Möglichkeit geboten wurde, das neue Verkehrsmittel Eisenbahn in Anspruch zu nehmen. Dieser erste Bahnhof hat wenig gemeinsam mit den Verkehrstationen, die heute weltweit an den neuen Hochgeschwindigkeitsstrecken entstehen und die viel mehr bieten als nur den Zugang zum Zug. Moderne Bahnhöfe gleichen oft eher Einkaufszentren. In manchen Aspekten nähern sie sich gegenwärtigen Flughäfen mit großen Wartebereichen. Doch allen Bahnhöfen gemeinsam ist, dass sie nach wie vor einen großen Reiz auf viele Menschen ausüben, sind sie doch Orte von Abfahrt und Abschied, Ankunft und Wiedersehensfreude. Bahnhöfe können zur Routine werden; wer täglich etwa in die nächste Großstadt zur Arbeit fährt, sieht vermutlich nur mehr selten, welche großartige Architektur ihm womöglich im Zielbahnhof geboten wird, viel eher ärger er sich über Verspätungen und mangelnden Service auf dem ländlichen oder kleinstädtischen Heimatbahnhof. Dennoch: Bahnhöfe bieten die Aussicht auf Flucht aus dem Alltag, man hat beim Besteigen des Zuges ferne Ziele vor Augen. Wir zeigen hier Bahnhöfe aus fünf Kontinenten, moderne Zweckbauten, alte und neue Großstadtbahnhöfe, die architektonische Meisterleistungen verkörpern, aber auch kleine Landstationen, die nur selten einen Zug oder Fahrgast sehen. Viele Luftbilder zeigen die Bahnhöfe aus einer Perspektive, wie sie sich dem gemeinen Fahrgast nicht bietet – umso faszinierender, wenn man »seinen« Bahnhof einmal aus einer ganz anderen Sicht sieht. So wünsche ich viel Freude beim Lesen, Schauen und Festbeißen an Details, die so manches Bahnhofsbild so sehenswert machen. Und nicht zuletzt ermöglicht dieser Bildband eine spannende »Kopfreise« um die Welt.

Martin Weltner

BAHNHÖFE – EINLEITUNG

»Ich hole noch schnell die Oma vom Bahnhof ab« – wie oft haben Sie diesen Satz selbst ausgesprochen oder gehört? Da stellt sich die Frage, was ist eigentlich ein Bahnhof?
Für Deutschland beantwortet die Eisenbahn-Bau- und Betriebsordnung (EBO) diese Frage recht eindeutig: »Bahnhöfe sind Bahnanlagen mit mindestens einer Weiche, wo Züge beginnen, enden, ausweichen oder enden dürfen. Als Grenze zwischen den Bahnhöfen und der freien Strecke gelten im allgemeinen die Einfahrsignale oder Trapeztafeln, sonst die Einfahrweichen.« Andernorts ist dies ähnlich geregelt, doch wir sehen für diesen Bildband den Begriff Bahnhof etwas weniger eng, wir zählen auch Haltepunkte und Haltestellen dazu. Oder haben Sie schon einmal jemanden gehört, der Ihnen sagte, er hole seine Oma beim Haltepunkt ab?
Wie unterscheiden wir die Bahnhöfe von einander? Da geht es zunächst einmal um seine Lage im Netz, seine Grundrissform und seine Funktion innerhalb eines Bahnnetzes. Zu den beeindruckendsten Bahnhöfen zählen die Kopfbahnhöfe, oft aufgrund ihrer architektonisch reizvollen alten Empfangsgebäude. Im Kopfbahnhof (umgangssprachlich auch Sackbahnhof) enden die Hauptgleise in Stumpfgleisen an einem Prellbock, eine Durchfahrt ist nicht möglich. Häufig steht das Empfangsgebäude am Gleisende. Insbesondere bei älteren Bauten folgen am Gleisende ein Gleiswechsel oder eine Drehscheibe, um Triebfahrzeuge drehen und an das andere Ende ihres Zuges umsetzen zu können. Kopfbahnhöfe finden man oft in Großstädten; sie stammen noch aus der Zeit des frühen Bahnbau und wurden angelegt, um die Eisenbahn möglichst dicht ans Stadtzentrum heranzuführen. Zahlreiche Städte weisen mehrere Kopfbahnhöfe verschiedener Bahngesellschaften auf, die mit ihren Zügen aus allen Himmelrichtungen die Metropole ansteuerten.
Die häufigste Bahnhofsbauart ist allerdings der Durchgangsbahnhof. Hierbei durchlaufen die Hauptgleise einer oder mehrerer durchgehenden Strecken das Bahnhofsgelände, erhalten dort Gleisverbindungen und erweitern sich gegebenenfalls durch zusätzliche Bahnhofsgleise. Eine in den USA weit verbreitete Bauform ist der kombinierte Kopf- und Durchgangsbahnhof, in dem einige Bahnsteiggleise an einem Prellbock enden, andere aber als Durchgangsgleise durchgehende Zugläufe ermöglichen. In diesem Zusammenhang sei eine weitere amerikanische Spezialität genannt: Die meisten dortigen Kopfbahnhöfe waren mit Gleisdreiecken

Der Dresdener Hauptbahnhof aus der Sicht eines Gastes des gegenüberliegenden Kaisercafé. Die colorierte Aufnahme entstand zur Zeit der Jahrhundertwende. Für den »modernen Nahverkehr« ist bereits die Straßenbahn zuständig. | picture alliance/arkivi

Der Bahnhof Rentzschmühle in der vogtländischen Schweiz liegt an der Strecke Gera Süd – Weischlitz und wird heute von der Vogtlandbahn bedient. Die historische Aufnahme zeigt einen stilisierten Dampfzug am reich verzierten Bahnhofsensemble (links). Beim hellen Gebäude links der Bahn dürfte es sich um ein Eisenbahner-Wohnhaus handeln | picture alliance/arkivi

verbunden. Einfahrende Züge rollten nicht in den Kopfbahnhof mit seiner meist großen Bahnhofshalle ein, sondern zunächst ins Gleisdreieck, um von hier rückwärts in den Bahnhof hineingeschoben zu werden. Warum dieser Aufwand? Man wollte vermeiden, dass die Dampflokomotiven in die Halle hineinfuhren und sie womöglich verräucherten. Beibehalten wurde diese Praxis auch noch im Dieselzeitalter – zu viel Dieselrauch ist ja auch nicht gesundheitsförderlich!
Kommen wir zu den Unterscheidungen nach der Lage im Netz. Da haben wir zunächst den Endbahnhof, der an Ende einer oder mehrerer Bahnstrecken liegt. Die häufigste Bahnhofsform ist der Zwischenbahnhof, eine Betriebsstelle an einer durchgehenden Strecke. Kommen wir nun zu den Trennungs- und Anschlussbahnhöfen: In einem Trennungsbahnhof zweigt mindestens eine Strecke ab, wobei im Unterschied zum Anschlussbahnhof ein Übergang von Zügen von der einen auf die andere Strecke üblich ist. Ein Anschlussbahnhof ist ein Bahnhof, in dem von einer Strecke mindestens eine weitere abzweigt, wobei es keinen regelmäßigen durchgehenden Zugverkehr gibt, was jedoch betriebliche Verbindungen und Wagenübergang nicht ausschließt. In der Regel ist die abzweigende Strecke deutlich untergeordnet. So sind Bahnhöfe an Hauptstrecken, von denen Nebenbahnen abzweigen, klassische Anschlussbahnhöfe. Von einem Kreuzungsbahnhof spricht man, wenn sich mindestens zwei Strecken in einem Bahnhof kreuzen. Treffen sogar mehrere Strecken zusammen, ist die Rede von einem Knotenbahnhof. Recht selten sind Berührungsbahnhöfe: Hier treffen sich zwei Strecken, ohne sich zu kreuzen, was nicht ausschließt, dass es für Betriebsfahrten örtliche Gleisverbindungen zwischen den beiden Berührungsstrecken gibt.
Wie bereits erwähnt, befinden sich die Empfangsgebäude von Bahnhöfen meist seitlich der Bahnanlagen oder, wie beim Kopfbahnhof, quer am Gleisende. Es gibt ein paar interessante Ausnahmen, wie den Reiterbahnhof, wo das Empfangsgebäude quer über dem Gleisfeld liegt. Eine Besonderheit ist auch der Keilbahnhof, hier trennen sich mehrere Strecken im Bahnsteigbereich. Das Empfangsgebäude mit oft annähernd dreieckigem Grundriss liegt hierbei zwischen den sich trennenden Strecken, welche einen Keil bilden. Charakteristisch für Inselbahnhöfe ist die Lage des Bahnhofsgebäudes, das allseits von Gleisanlagen umschlossen ist. In einem Turmbahnhof kreuzen sich mindestens zwei Strecken niveaufrei, d.h. in deutlich unterschiedlicher Höhe. Bei größeren Turmbahnhöfen sorgen Bahnhofskurven dafür, dass Zugverkehr zwischen beiden Bahnhofsebenen möglich ist. Der sehr seltene Dreiecksbahnhof ist ein Bahnhof, bei dem eine zusätzliche Verbindung zwischen den abzweigenden Strecken besteht.

Blick in die Hauptwartehalle der »Chicago & North Western-Station«, gebaut zwischen 1908 und 1911 als Ersatz für zahlreiche kleiner Bahnhöfe. Neben der C&NW nutzen auch andere Bahngesellschaften den vom Chicagoer Architekturbüro Frost & Granger entworfenen Kopfbahnhof, der nach dem weitgehenden Niedergang des US-Reisezugverkehr im Jahre 1984 abgerissen wurde. | picture alliance/Glasshouse Images

▶ Diese colorierte Postkarte zeigt den Bahnhof Bellinzona im Tessin noch vor der Elektrifizierung im Jahre 1920. 1874 eröffnet, ist der an der Gotthardbahn und den Tessiner Talbahnen gelegene Bahnhof Bellinzona heute der größte Eisenbahnknoten des Kanton Tessins. Rechts der Gleisanlegen erkennt man das Empfangsgebäude samt Bahnsteigüberdachungen, im Vordergrund sind die Anlagen des Bahnbetriebswerkes mit seinem mehrfach erweiterten Lokschuppen zu sehen | picture alliance/ullstein bild

Nach soviel Bahnhofstheorie ein kurzer Blick in die Geschichte und die Entwicklung der Bahnhöfe: Die Bahnhofsgebäude aus den allerersten Jahren der Eisenbahn waren vorrangig an technischen Notwendigkeiten orientiert und oft bescheiden dimensioniert und ausgeführt, so waren beispielsweise die Empfangsanlagen der ersten deutschen Eisenbahn von Nürnberg nach Fürth weitestgehend in Holz errichtet. Aber schon wenige Jahre später entstanden aufwendigere Bahnhofsbauten. In der zweiten Hälfte des 19. Jahrhunderts änderte sich das Bild gründlich: Das Empfangsgebäude des Bahnhofs entwickelte sich zum repräsentativen und publikumswirksamen Ort, mit dem sich die Eisenbahngesellschaften darstellten. Und sie hatten auch Grund sich selbst zu feiern: Die Eisenbahn stand für Fortschritt. Zugleich war sie wirtschaftlich ein Erfolg. Deshalb wurden dort, wo eine größere Öffentlichkeit zu erwarten war, sogar Empfangsgebäude geschaffen, die Sondereinrichtungen enthielten. Dazu zählten Wartebereichen für besondere Fahrgäste; es gab »Fürstenbahnhöfe« und »Kaiserzimmer«. Aber auch bei Empfangsgebäude der kleineren Bahnhöfe wurden nicht geknausert.
Der zunehmende Bahnverkehr sprengte die Dimensionen der in der Mitte des 19. Jahrhunderts

Vor der Stadtmauer von Peking lag der erste Bahnhof einer Anschlussstrecke zur Transsibirischen Eisenbahn Moskau - Wladiwostok. Die um 1910 entstandene Aufnahme zeigt nicht gerade viel Betriebsamkeit, lediglich im Vordergrund werden einige Güter verladen. | picture alliance/ullstein bild

entstandenen Bahnanlagen bereits am Ende des Jahrhunderts. Hinzu kam, dass in dieser Zeit die Stadtzentren enorm expandierten und dort die alten Bahnanlagen zu einem Hindernis wurden. Deshalb wurden entweder nur die Empfangsgebäude ersetzt oder aber der ganze Bahnhof an den Stadtrand verlegt. Eine sinnvolle Möglichkeit war auch, dass Bahnhöfe unterschiedlicher Bahngesellschaften in einem neuen zusammengefasst wurden.
Durch das Ende des Bahnbooms nach dem Ersten Weltkrieg und die wenig später aufkommende Konkurrenz zum Eisenbahnverkehr wurde die Gestaltung des Bahnhofs nun auf Einsparungen im Betrieb gerichtet. Hierzu zählte vor allem das Beseitigen von Kopfbahnhöfen, die bei schneller werdendem Verkehr und der Umstellung auf Diesel- und Ellok-Betrieb zunehmend ein betriebliches Hindernis darstellten. So wurden Kopfbahnhöfe durch Neubauten ersetzt; jüngstes Beispiel ist der Berliner Hauptbahnhof, und die Zukunft bringt uns ja Stuttgart 21 und Lindau 21.

Aus den 1920er-Jahren stammt diese Aufnahme des Great Central Terminals in New York. Der im Stadtteil Manhattan gelegene Kopfbahnhof zählt zu den größten Bahnhöfen der Welt, seine 67 Gleise enden an 44 Bahnsteigen in zwei Ebenen und hat noch heute große Bedeutung, vor allem im Nahverkehr. Das Gebäude wurde mehrfach behutsam modernisiert, ohne seinen klassischen Charakter zu verlieren. Einzigartig dürfte auch sein, dass das Waldorf-Astoria-Hotel einen eigenen Bahnsteig im Terminal besitzt. | Everett Historical/shutterstock.com

Im Jahre 1907 wurde die Union Station in Washington D.C. erbaut, die sich hier unmittelbar nach der Eröffnung zeigt. Mächtige Signalbrücken dominieren das Bild, dahinter sind zahlreiche überdachte Bahnsteige zu sehen sowie schemenhaft das Kopf-Empfangsgebäude. Ein Dampfzug steht abfahrbereit, das Ausfahrsignal ist bereits vom Stellwerk aus gezogen worden, das auch als Ausnahmestandpunkt diente. | Everett Historical/shutterstock.co

Die Jahrzehnte nach dem Zweiten Weltkrieg bedeuteten für die Bahnhofskultur meist Rückbau, zum Teil auch einfach Verfall – und das nicht nur in Deutschland. Hinzu traten an manchen Stellen Neubauten von fragwürdiger architektonischer, baulicher oder verkehrlicher Qualität, mit historischen Gebäuden dagegen wurde lieblos umgegangen. Gerade in der Fläche verfielen Bahnhöfe nach Streckenaufgabe zusehends. Nicht immer fanden und finden Bahngesellschaften Käufer für die nicht mehr benötigten Empfangsgebäude und eine sinnvolle Nachnutzung. Zudem verloren zahlreiche Empfangsgebäude selbst an noch betriebenen Strecken ihre eigentliche Funktion, wenn der Bahnhof durch neue Technik zum Haltepunkt degradiert wurde und der Fahrkartenverkauf von Automaten übernommen wurde.

In den letzten Jahren entstanden im konventionellen Eisenbahnnetz nur noch wenige Neubauten großer Empfangsgebäude, in diesem Buch werden unter anderem die neuen Hauptbahnhöfe von Berlin und Wien vorgestellt. Die neuen Bahnhöfe an den weltweit entstandenen Hochgeschwindigkeitsstrecken sind architektonisch oftmals recht ambitioniert, gleichzeitig werden in den Empfangsgebäuden nahezu immer große Vermarktungsflächen geschaffen. Bahnhöfe erwirtschaften für ihre Betreiber heute vor allem Geld als Gewerbeimmobilie, weniger als Verkehrsstation.

GREAT
NORTHERN
HOTEL

EUROPA – ES BEGANN IN ENGLAND

Großbritannien gilt zu Recht als Mutterland der Eisenbahn. Schon 1825 verkehrten erste Personenzüge zwischen Stockton und Darlington, fünf Jahre später nahm die »Liverpool and Manchester Railway« den Verkehr zwischen zwei Großstädten auf. Hunderte private Bahngesellschaften verdichteten das Bahnnetz in den folgenden Jahren und Jahrzehnten und überall entstanden Bahnhöfe, seien es kleine Landstationen oder repräsentative Empfangsgebäude in Mittel- und Großstädten. Der Konkurrenzkampf der Bahnen untereinander sorgte für immer pompösere Bauten, mit denen um das Wohlwollen des reisenden Publikums gebuhlt wurde. Typisch für alle britischen Bahnhöfe sind die Hochbahnsteige, wodurch auf Einstiegstreppen an Reisezugwagen verzichtet werden konnte – selbst kleinste Stationen wiesen solche meistens aus Mauerwerk bestehenden Bahnsteige auf. Nach zahlreichen Fusionen kleinerer und größerer Bahngesellschaften entstand 1948 die Staatsbahn British Rail, die den Betrieb rationalisierte, unter anderem durch Stilllegung von konkurrierenden Bahnstrecken sowie unrentabler Nebenbahnen. In den letzten Jahrzehnten gab es ein Comeback für zahlreiche Strecken, die von Eisenbahnfreunden übernommen und wieder – in der Regel mit Dampfbetrieb - in Betrieb genommen wurden. Ein besonderes Augenmerk wurde hierbei auf die Restaurierung der alten Haltepunkte und Bahnhöfe samt Signalanlagen gelegt, wobei teilweise sogar Neubauten nach historischem Vorbild entstanden.

London – Großbritannien

King's Cross – Kings Cross ohne Apostroph ist eine ebenfalls richtige Schreibweise – ist einer der Hauptbahnhöfe Londons und liegt im Stadtbezirk Camden. Geplant und dann im Jahr 1852 eröffnet wurde der Kopfbahnhof durch die private Great Northern Railway; er dient in erster Linie dem Fernverkehr in den Nordosten und den Osten Schottlands über die »East Coast Mainline«. Zwischen 2008 und 2012 wurde King's Cross grundlegend renoviert, wobei nicht nur die Bahnhofshalle saniert wurde, sondern auch ein halbkreisförmige Schalterhalle errichtet wurde, die in der Mitte des 2018 entstandenen Bildes zu sehen ist. Für Harry-Potter-Fans hat die Haupthalle eine besondere Bedeutung: Von hier fährt der Zug nach Hogwarts ab.
| picture alliance/Heritage Images

◄ London – Großbritannien

Unweit der Themse, die an manchen Flußabschnitten auch Isis genannt wird, liegt der Bahnhof London Bridge, der aus einem Kopf-, einem Durchgangsbahnhof sowie einer Station der London Underground besteht. London Bridge ist der älteste Bahnhof der britischen Hauptstadt, der erste Kopfbahnhof der Anlage wurde bereits 1836 eröffnet, nach mehreren Umbau- und Erweiterungsmaßnahmen entstand 1866 die noch heute existierende Bahnhofshalle. Als Durchgangsbahnhof wurde er erstmals 1864 von Zügen angefahren. Ab 2012 wurde der Bahnhof erneut umgebaut. Aus den bislang sechs Durchgangs- und neun Kopfbahnsteigen wurden nun neun Durchgangs- und sechs Kopfbahnsteige, was die Kapazität des Bahnhofs weiter erhöhte. Elektrische Fahrleitungen findet man in London Bridge nicht, die Gleise des Bahnhofs und der ausgehenden Strecken sind mit dem in Südengland üblichen Bahnstromsystem (seitliche Stromschiene mit 750 V Gleichstrom) elektrifiziert. Die Aufnahme zeigt den Bahnhof im Zustand des Jahres 2008. | picture alliance / Construction Photography

▲ London – Großbritannien

Blick in die Bahnhofshalle von King's Cross vom Querbahnsteig des Kopfbahnhofes aus mit abfahrbereiten Fernzügen. Zu sehen sind drei Triebzüge des privaten Bahnbetreibers Virgin Trains East Coast, links und rechts Triebköpfe der Class 91, in der Mitte ein klassischer Dieseltriebzug der Class 43 – Virgin Trains hatte die Fahrzeuge 2015 vom vorherigen Bahnbetreiber »East Coast« übernommen. | Dmitry Tkachenko Photo/Shutterstock.com

► London – Großbritannien

Ein Blick in die neue, halbkreisförmige Schalterhalle des Bahnhofs King's Cross. Von ihr sind die Bahnsteige, die U-Bahnen und der angeschlossene Bahnhof St. Pancras auf kurzen Wegen erreichbar. Durch das Londoner System der Bahnsteigsperren wird geregelt, dass die abfahrenden Fahrgäste die Bahnsteige über das Obergeschoss der neuen Halle und die neuen Fußgängerbrücken erreichen und die ankommenden das Gebäude ebenerdig über den Querbahnsteig verlassen. | Aniczkania/Shutterstock.com

London – Großbritannien

Zu den zahlreichen Kopfbahnhöfen in der Themse-Metropole London zählt Liverpool Street Station. Neben Waterloo und Victoria zählt er mit rund 70 Millionen Fahrgästen pro Jahr zu den am meisten frequentierten Londoner Bahnhöfen. Von Liverpool Street aus werden Ziele in östlicher Richtung angefahren, so auch Harwich, wo Anschluss an die Fähren nach Europa besteht. Auch die Expressverbindung zum Low-Cost-Flughafen Stansted verkehrt ab Liverpool Street. Im Jahre 1875 wurde der Bahnhof voll umfänglich in Betrieb genommen, nachdem er zuvor schon von einigen Vorortzügen angelaufen worden war. Doch schon bald war der Bahnhof zu klein geworden, sodass er ab 1888 deutlich erweitert wurde. Durch deutsche Bomber wurde der Bahnhof im Ersten Weltkrieg schwer beschädigt, wobei auch hunderte Tote und Verletzte registriert werden mussten. In den folgenden Jahrzehnten stieß der Bahnhof immer wieder an sein Kapazitätslimit, das hatte aber keine größeren Um- oder Anbauten zur Folge. Stattdessen wurden effektive Umorganistationsmaßnahmen durchgeführt., Die bauliche Vernachlässigung erforderte in den Jahren 1973 bis 1991 eine Sanierung in Etappen. War ursprünglich der Abriss des Bahnhofs und Ersatz durch einen Neubau vorgesehen, sorgten Bürgerproteste dafür, dass die westliche Gleishalle repariert und verstärkt wurde. Auf umfangreiche Umbauten an den Gleisanlagen wurde verzichtet, dafür ein leistungsfähigeres Signalsystem installiert, wodurch der nahegelegene Bahnhof Broad Street aufgegeben werden konnte. | picture alliance / Bildagentur-online/Joko

Llangollen – Großbritannien

Llangollen ist ein pittoreskes Städtchen im Norden von Wales. Von hier kann man gut nach Snowdonia kommen, dieser außerordentlich schönen Gebirgsregion, die zudem Nationalpark ist. Die Eisenbahn hielt 1861 mit der Vale of Llangollen Railway Einzug, doch nach rund 100 Jahre wurde die Strecke, die Ruabon mit Bala verband, stillgelegt. Eisenbahnfreunde retteten ein Teilstück der Strecke und nahmen 1975 den Museumsbetrieb mit historischen Dampf- und Diesellokomotiven auf, heute kann ein 12 Kilometer langes Teilstück von Llangollen entlang des Dee-Tales bis Corwen wieder per Bahn bereits werden. | CloudVisual/Shutterstock.com

Brighton – Großbritannien

Filigranität strahlt das Dach der Bahnhofshalle von Brighton aus. Das noch heute bestehende Empfangsgebäude wurde vom Architekten David Mocatta (1806–1882) im Stil der italienischen Renaissance geplant und mit der Strecke nach Shoreham 1841 eröffnet. 1882/83 wurde der Bahnhof erheblich erweitert. Dabei wurden die imposante Bahnsteighalle und die Überdachung des Bahnhofsvorplatzes errichtet. 1999/2000 wurde die Halle gründlich saniert und in ihrem blauen Farbton wiederhergestellt. | Marius_Comanescu / Shutterstock

North Entrance
Car Park / Drop Off
Jurys Inn

Brighton – Großbritannien

Tiefster Winter herrschte am 27. Februar 2018 in Großbritannien, als ein Nahverkehrszug in den Bahnhof London Road (Brighton) einfuhr. Der schmucklose Vorortbahnhof liegt an der von der Bahngesellschaft Southern betriebenen East Coastway Line, die Brighton unter anderem mit Lewes, Eastbourne, Hastings, Ore and Ashford verbindet. | Marius_Comanescu/shutterstock.com

Weybourne – Großbritannien

Die britischen Museumsbahnen gelten als die schönsten der Welt, und das zu Recht! Liebevoll restauriert und herausgeputzt zeigt sich hier der Bahnhof Weybourne der North Norfolk Railway, der am 12. Juni 2014 von einem Fotogüterzug passiert wurde. Als Zuglok dient die English Electric Class 37-Diesellok D6732, die zu Zeiten von British Rail den Namen »Mirage« trug und heute von den Museumsbahnern betriebsbereit gehalten wird.
| Kev Gregory/Shutterstock

Gravesend – Großbritannien

Gravesend liegt in der Grafschaft Kent und sein Bahnhof ist knapp 40 Kilometer von London Charing Cross entfernt. Im Jahre 1845 hielten hier die ersten Züge, heute ist der Bahnhof durch Nahverkehrs- und Intercity-Verbindungen an London angebunden. 2013 wurde der Bahnhof von Grund auf saniert und präsentiert sich heute als moderne Verkehrsstation mit drei überdachten Bahnsteigen, die von mehr als drei Millionen Reisenden pro Jahr benutzt wird. An alte Zeiten erinnert nur noch das Empfangsgebäude im Bildvordergrund. Die Aufnahme aus dem jahre 2018 zeigt einen abfahrbereiten Triebzug des privaten Bahnbetreibers Thameslink, der Pendler nach London bringen wird. Manch einer wird jetzt rätseln: Gravesend, irgendwoher kommt mir das bekannt vor. Vielleicht, weil hier Pocahontas im Jahr 1671 verstarb und in der Kirche St. George's zur letzten Ruhe gelegt wurde? | Flyby Photography/Shutterstock.com

▶ **Glasgow – Großbritannien**

Alle Signale am Bahnhof Glasgow Central stehen am 25.10.2000 auf Rot, die glitzernden Gleise sind leer. Hintergrund der Blockade ist der schwere Unfall vom 17.10., bei dem vier Menschen getötet und 35 verletzt wurden. Ein Hochgeschwindigkeitszug war bei Hatfield in einer lang gestreckten Kurve entgleist. Das privatisierte britische Bahnunternehmen Railtrack hatte eingeräumt, dass dieses Unglück durch eine gebrochene Schiene verursacht wurde. Der Zustand der Gleisanlagen wurde als »völlig unakzeptabel« bezeichnet. Railtrack löste damals mit der Sperrung der wichtigsten Strecke in den Norden Großbritanniens ein völliges Chaos im Eisenbahnverkehr aus. Die Strecke wurde ohne Vorwarnung für drei Tage gesperrt, um die Schienen auf mögliche Brüche zu untersuchen.
| picture-alliance / dpa

◀ **Glasgow – Großbritannien**

Der 1879 eröffnete Bahnhof Glasgow Central ist größte Bahnhof der schottischen Stadt. Der Kopfbahnhof bietet seit der Privatisierung des britischen Eisenbahnwesens einen bunten Eindruck. Die Aufnahme zeigt einen Triebzug von Virgin Trains, daneben einen solchen der Bahngesellschaft CrossCountry, einem Tochterunternehmen der Deutschen Bahn AG. Ganz rechts ist ein Reisezugwagen im Scotrail-Design zu erkennen. Scotrail betreibt den größten Teil des Reisezugverkehrs in Schottland.
| picture alliance / prisma

◂ Inverness – Großbritannien

Im Norden Schottlands liegt im Highlandbezirk die 50.000-Einwohner-Stadt Inverness am Fluss Ness, die hier auf einer Aufnahme aus der Vogelperspektive gezeigt wird. Deutlich sind die Bahnanlagen zu sehen, die ein großes Gleisdreieck bilden, mit dem Hauptbahnhof und seinen Bahnsteighallen in Richtung Norden.1855 erreichte die erste Eisenbahnstrecke aus Nairn Inverness, weitere Strecken folgten, bis 1897 der Bahnbau mit der Strecke nach Kyle of Lochalsh abgeschlossen wurde. Der Kopfbahnhof verfügt über sieben Bahnsteiggleise, von denen fünf in die Haupthalle hineinreichen. Der Verkehr wird weitestgehend von ScotRail abgewickelt, eine Besonderheit stellt der Caledonian Sleeper dar, ein reiner Schlafwagenzug, der sechs Mal wöchentlich eine bequeme Nachtreisemöglichkeit nach London bietet, wobei der Zug über die West Coast Main Line geführt wird. | picture alliance/ ZB/euroluftbild.de

Edinburgh – Großbritannien

Edinburgh Waverley ist der Hauptbahnhof der schottischen Hauptstadt und liegt dich gedrängt zwischen Old Town und New Town in einer Art Graben. Die Aufnahme zeigt die zwei nicht innerhalb der Bahnhofshalle gelegenen Bahnsteiggleise, innerhalb der links liegenden Halle gibt es auf 16 weiteren Gleisen Zugang zu den Zügen. Überspannt werden die Anlagen des Durchgangsbahnhofs durch die im Hintergrund sichtbare North Bridge. Links im Bild ist das feudale Balmoral Hotel in typisch viktorianischer Architektur zu sehen, dessen Uhr immer zwei Minuten vorgeht, damit die Fahrgäste ihren Zug nicht verpassen. | picture alliance/Exss

Herald

◄ **Dublin – Republik Irland**

Das Hauptgebäude des Bahnhofs Dublin Connolly steht schon seit Jahren unter Denkmalschutz. Zwischen 1840 und 1850 entstanden, hieß er zunächst Dublin Station und wurde später nach dem Bau weiterer Kopfbahnhöfe in Dublin in Amiens Street Station umbenannt. Seinen heutigen Namen erhielt er im Jahr 1966 zu Ehren von James Connolly, der wegen seiner Beteiligung an den Osteraufständen 1916 hingerichtet worden war. Heute weist der Bahnhof sieben Bahnsteiggleise auf, vier Kopfgleise sowie drei Durchgangsgleise, die elektrifiziert sind und vor allem von den Nahverkehrszügen von DART (Dublin Area Rapid Transit) benutzt werden. | picture alliance / imageBROKER

Portadown – Nordirland/Vereinigtes Königreich

Einen typisch nordirischen Landbahnhof findet man in Portadown im Armagh County. Der Bahnhof ist mit Hochbahnsteigen ausgestattet, links ist das Empfangsgebäude auszumachen. Zugang zum Mittelbahnsteig hat der Fahrgast über eine stählerne Fußgängerbrücke, im Vordergrund erinnert ein kleiner Wasserturm an die Dampflokzeit. Abfahrbereit am Hausbahnsteig steht ein DMU, was für Diesel-multiple-unit steht und die englischsprachige Bezeichnung für einen mehrteiligen Dieseltriebzug ist, wie er in zig verschiedenen Bauarten im Vereinigten Königreich seit den 1950er-Jahren für den Nebenbahndienst beschafft worden war. | picture alliance / Construction Photography

▲ Mora – Schweden

Mora ist eine rund 10.000 Einwohner zählende Kleinstadt in der schwedischen Provinz Dalamas, gelegen am Siljansee und daher ein beliebter Fremdenverkehrsort. Per Bahn lässt sich Mora von Stockholm über Uppsala erreichen, zudem ist Mora südlicher Endpunkt der Inlandsbahn von und nach Östersund und Gallivare. Das Bahnhofsgebäude in typisch skandinavischer Holzbauweise zeigt sich hier im Februar 2015 in einem sehr gepflegten Zustand. Die Reisenden dürften den Warteraum längst verlassen und sich einen Platz im elektrischen Triebwagen gesucht haben, der abfahrbereit am Hausbahnsteig steht.
| Michael715/Shutterstock. com

◄ Gällivare – Schweden

Mit nur rund 10.000 Einwohnern ist das nördlich des Polarkreises in Lappland gelegene Gällivare nur eine Kleinstadt, die aber nicht nur eine Eisenbahnanbindung hat, sondern auch an einer Europastraße liegt und zudem aus der Luft erreichbar ist. Bedeutung hat Gällivare als Verkehrsknotenpunkt der Erzbahn Luleå – Gällivare – Kiruna – Narvik und der hier endenden Inlandsbahn. Der im Blockhausstil erbaute Bahnhof hat einmal einen Preis als schönster schwedischer Bahnhof erhalten.
| Göran Sandström - CC BY 4.0

Das Eisenbahnnetz in Skandinavien ist nicht sehr engmaschig, und dies gilt ganz sicherlich für die nördlicheren Landesteile. Als Besonderheit sei noch die Breitspur genannt, die in Finnland genutzt wird, während in Dänemark, Schweden und Norwegen auf Normalspurgleisen gefahren wird. Typisch für die skandinavischen Länder sind die schmucken Bahnhofsgebäude in Holzbauweise – für waldreiche Länder ist dies einfach sinnvoll. Vor allem in dünn besiedelten Gebieten ist der Abstand zwischen den Bahnhöfen recht groß und das Zugangebot dünn. Dementsprechend weisen die meisten Bahnhöfe geräumige Warteräume auf, die natürlich bei Bedarf beheizt werden und das Warten auf den Zug für den Reisenden angenehm macht.

Göteborg – Schweden

»Blaue Stunde« in Göteborg, der mit rund einer Million Einwohnern zweitgrößten Stadt Schwedens. Im Vordergrund sind die Gleisanlagen des Bahnhofs Göteborg Central zu sehen, einem Kopfbahnhof mit 16 Gleisen. Vom elektrifizierten Bahnhof aus lassen sich alle größeren Städte Schwedens erreichen, Auslandsverbindungen bestehen unter anderem nach Oslo und Kopenhagen. S-Bahnen dienen dem Nahverkehr. Bereits 1978 wurde in Göteborg C das erste elektronische Stellwerk der Welt in Betrieb genommen. Für die Zukunft geplant ist ein Eisenbahntunnel unterhalb der Stadt, wobei Göteborg Central zwei Durchgangsgleise erhalten soll. | Henryk Sadura/Shutterstock.com

Sotschi – Russland

Die am schwarzen Meer gelegene russische Stadt Sotschi war 2014 Austragungsort der olympischen Winterspiele. Um den Besuchern eine bequeme Anreise zu ermöglichen, entstand unweit des Olympiaparks der neue Bahnhofs Sotschi Olympia Park in modernster Architektur. Die drei, in der Höhe gestaffelten Bahnsteigüberdachungen beeindrucken ebenso wie die geschwungene, gläserne Überdachung. Im Jahre 2016 wurde der Bahnhof in Imeretinsky Kurort umbenannt. Die Stadt am Fuße des Kaukasus hat eine bewegte Geschichte. Erst nach dem russisch-türkischen Krieg von 1828/1829 kam die Stadt unter die Herrschaft des Zaren. Zuvor war sie mehrere Jahrhunderte unter osmanischer Herrschaft. | Zotov Dmitrii/ Shutterstock.com

Eisenbahn in Russland – wer denkt da nicht an die berühmte transsibirische Eisenbahn, die Hauptverkehrsachse des asiatischen Russlands und mit 9288 Kilometer die längste Eisenbahnstrecke der Welt. Auf der gesamten Strecke von der Hauptstadt Moskau nach Wladiwostok am Pazifik werden 400 Bahnhöfe passiert; eine Fahrt dauert in der Regel sechs Tage. Weitaus europäischer geprägt sind die Bahnnetze in den ehemaligen Ostblockstaaten von Polen bis nach Bulgarien. In den letzten Jahrzehnten wurde viel Geld in die Bahnen investiert, aber auch so manche Strecke stillgelegt, die der gewachsenen Konkurrenz des Straßenverkehrs nur noch wenig entgegenzusetzen hatte. Zahlreiche Bahnhöfe wurden modernisiert, wie beispielsweise der Prager Hauptbahnhof, andere Stationen warten noch auf eine umfangreiche Sanierung, so beispielsweise in Rumänien und Bulgarien.

Petrosawodsk – Russland

Petrosawodsk ist die Hauptstadt der russischen Republik Karelien, rund 400 Kilometer von St. Petersburg entfernt. Der Hauptbahnhof von Petrosawodsk liegt an der Murmanbahn, die von St. Petersburg nach Murmansk verläuft und zwischen 1915 und 1917 wegen ihrer großen strategischen Bedeutung in aller Eile erbaut wurde. Die Aufnahme zeigt einen Reisezug, bespannt mir einer elektrischen Lokomotive der Reihe EP 1, abfahrbereit im Bahnhof, dessen Empfangsgebäude mit seinem spitzen Turm inklusive Sowjetstern hinter den Bäumen auszumachen ist. | picture alliance / Johannes Glöckner

ВЛ40ᵁ1134-2
HYUNDAI
Rotem
HRCS2-002

◄ **Lviv – Ukraine**

Im ukrainischen Lviv, dem ehemaligen Lemberg, wurde 1861 durch die (österreichische) k.k. priv. galizische Carl Ludwig-Bahn der erste Bahnhof errichtet, der durch einen Neubau westlich des Stadtzentrums ersetzt wurde, der 1904 eröffnet wurde. Parallel zum Empfangsgebäude des Durchgangsbahnhofs wurden zwei mächtige Bahnhofshallen in zeittypischer Stahl-Glas-Architektur errichtet, die trotz schwerster Zerstörungen im Zweiten Weltkrieg wieder aufgebaut wurden. Hier die äußere der beiden Hallen, die Stützen links im Bild tragen auch die innere Halle, die an das Empfangsgebäude anschließt. | Pavlo Lys/Shutterstock.com

Warschau – Polen

Die Szybka Kolej Miejska w Warszawie (SKM Warszawa) betreibt seit 2005 ein S-bahn-ähnliches System mit vier Linien im Großraum der polnischen Hauptstadt. An der Linie S 1 von Pruszkow nach Otwock liegt der Bahnhof Falenica im äußersten Südosten der Stadt, den diese Aufnahme aus der Vogelperspektive zeigt. Am Hausbahnsteig, der ebenso wie der Mittelbahnsteig mit einer weit ausladenden Bahnsteigüberdachung versehen ist, steht eine moderner »Impuls«-Triebzug der Baureihe 35WE des polnischen Herstellers Newag, der in Nowy Sącz im Süden Polens beheimatet ist. | Bartosz Dziugiel/Shutterstock.com

▲ **Bukarest – Rumänien**

Stillleben im Bukarester Nordbahnhof mit wartenden Reisenden und einem rumänischen Elektro-Veteranen. Während das Interieur des Empfangsgebäudes bereits mit EU-Mitteln renoviert wurde, wartet an den Bahnsteigen noch so einiges an Arbeit. | Vlad Ispas/Shutterstock.com

Bukarest – Rumänien

Eine beeindruckende Anlage ist der Bukarester Nordbahnhof, der Hauptbahnhof der rumänischen Hauptstadt. Der Kopfbahnhof mit 14 Gleisen wurde zwischen 1868 und 1872 errichtet und ist der größte Bahnhof Rumäniens. Nicht nur für den Nahverkehr, sondern auch für den Fernverkehr ist der Bahnhof sehr wichtig, beginnen oder enden doch fast alle rumänischen Fernzüge in Bukarest Nord. Die Aufnahme macht auch die enorme Länge der Bahnsteiggleise deutlich, die zu sehenden Reisezüge mit sieben oder acht Wagen verlieren sich fast im Bahnhof. | Augustin Lazaroiu/Shutterstock.com

Prag – Tschechische Republik

Der Prager Hauptbahnhof, im Kursbuch unter Praha hlavní nádraží zu finden, ist der wichtigste Fernbahnhof in der tschechischen Hauptstadt und zugleich größter Personenbahnhof des Landes. Der Durchgangsbahnhof liegt östlich der Innenstadt und weist Gleisverbindungen zu den meisten anderen Prager Bahnhöfen auf. Die Bahnsteighalle hat zwei Hallenschiffe, sie überdecken einen Haus- und drei Inselbahnsteige mit sieben Bahnsteig- und einem Lokomotivverkehrsgleis. Drei weitere Inselbahnsteige mit sechs Bahnsteiggleisen liegen außerhalb der Bahnsteighalle, sie sind mit einzelnen Bahnsteigdächern versehen. Zusätzlich gibt drei Kopfgleise, zwei auf der Süd- und eines auf der Nordseite. 1871 eröffnet, erhielt der Bahnhof sein heutiges Empfangsgebäude in den Jahren zwischen 1901 und 1909. | M-SUR/Shutterstock.com

Im Bild rechts ist die beeindruckende im Jugendstil gehaltene Eingangshalle des Bahnhofs zu sehen. | Thomas Ledl, CC BY-SA 4.0

Prag – Tschechische Republik

Auf dieser Luftaufnahme des Prager Hauptbahnhofes ist das markante und prächtige Empfangsgebäude gut sichtbar. Das Jugendstilgebäude entstand zwischen 1901 und 1909 nach Plänen des Architekten Josef Fanta unter Verwendung von Teilen des ersten, 1871 gebauten Empfangsgebäudes. In Verbindung mit dem Bau der Prager U-Bahn erhielt der Hauptbahnhof um 1970 eine neue, zweiteilige, teilweise in den Hang eingebaute Eingangshalle. Diese ist im Vordergrund der Aufnahme zu sehen, die Dachfläche dieser Halle wird als Parkdeck genutzt, außerdem führt die Schnellstraße Wilsonova darüber. Im ersten Teil der Halle befinden sich die Zugänge zu den Bahnsteigen der im Jahr 1974 in Betrieb genommenen U-Bahn-Linie C, dahinter die Fahrkartenschalter. Über Treppen gelangt man in den zweiten Teil der Halle, der vorrangig als Wartebereich genutzt wird. | Nadezda Murmakov / Shutterstock.com

Budapest – Ungarn

Der Bahnhof Budapest Keleti pályaudvar (kurz: Keleti pu), zu deutsch Ostbahnhof, ist der größte der drei Hauptbahnhöfe der ungarischen Hauptstadt. Ursprünglich verkehrten hier hauptsächlich Züge nach Osten und Süd-Osten, z. B. nach Debrecen oder Békéscsaba. Mittlerweile halten hier aber die meisten internationalen Züge, insbesondere sämtliche nach Ungarn verkehrende EuroCity. Außerdem stellt dieser Bahnhof den Endpunkt sämtlicher Railjet-Verbindungen aus München, Zürich und Wien dar. Über Verbindungsstrecken ist der Bahnhof von sämtlichen nach Budapest führenden Bahnstrecken aus erreichbar. Das Empfangsgebäude repräsentiert den Stil der Neorenaissance und wurde zwischen 1881 und 1884 vom Eisenbahntechniker János Feketeházy und dem Architekten Gyula Rochlitz geplant und erbaut. Seit 2014 ist Keleti pu zudem ein Kreuzungs- und Umsteigepunkt zur Untergrundbahn. In den Jahren zuvor waren der Bahnhofsvorplatz und Teile des Bahnhofsinneren umgebaut und saniert worden. | Alexandr Medvedkov/ Shutterstock.com

KELETI PÁLYAUDVAR
1904

Wien – Österreich

Modernste Architektur repräsentiert der neue Wiener Westbahnhof, auch als »Einkaufszentrum mit Gleisanschluss« bezeichnet. So findet man im gezeigten Gebäude weitgehend Verkaufsflächen, Büros und Dienstleistungsbetriebe, während sich der eigentliche Bahnhof mit seiner unter Denkmalschutz stehenden Halle rechts hinter dem Bäumen versteckt. | Roman Plesky/Shutterstock.com

Die österreichische Eisenbahngeschichte begann schon 1824 mit einer Pferdebahn von Linz nach Budweis. In den folgenden Jahrzehnten wurde das Land, dessen Größe sich durch Kriege und Annektierungen mehrfach änderte, von einem dichten Eisenbahnnetz erschlossen. Sehr abwechslungsreich ist die Architektur der österreichischen Bahnhöfe, oftmals davon abhängig, von welcher privaten Bahngesellschaft sie erbaut wurden. So findet man im Norden des Landes immer noch kleine, standardisierte Lokalbahnhöfe, wie sie auch an den einst zahlreichen Schmalspurstrecken zu finden waren. In den letzten Jahren wurde viel Geld in neue Bahnhofsgebäude investiert, genannt seien hier Linz, der Wiener Westbahnhof und natürlich der Hauptbahnhof der Hauptstadt. Gleichzeitig wurden aber auch viele Nebenstrecken stillgelegt, was zum Abbruch oder dem Verkauf nach reizvoller Nebenbahnstation führte.

Der 2014 eröffnete Wiener Hauptbahnhof befindet sich auf dem Gelände des ehemaligen Südbahnhofs und ist durch neue Gleisanbindungen der erste Wiener Bahnhof, von dem Fernverkehr in alle Richtungen abgewickelt werden kann – Wien erhielt also erstmals in seiner Geschichte einen echten Hauptbahnhof. Der neue Bahnhof verfügt in Hochlage über fünf Mittelbahnsteige mit bis zu 450 Metern Länge sowie zwei Durchfahrtsgleise. Das Dach über den Bahnsteigen ist eine offene Konstruktion, bestehend aus zwei Hälften. Eine Hälfte, das sogenannte »Rautendach", besteht von oben gesehen aus fünf Reihen abwechselnd geneigter Trapezflächen, die pro Reihe so halbversetzt sind, dass zwischen den Dachflächen eine vertikale Öffnung entsteht, die verglast ist und Licht unter das Dach bringt. Ein Jahr nach der Eröffnung, am 13. Dezember 2015 wurde die Voll-Inbetriebnahme und damit die Fertigstellung des gesamten Projekts gefeiert. Seit diesem Zeitpunkt wird der gesamte ÖBB-Fernverkehr vom Hauptbahnhof aus geführt; der Westbahnhof, einst bedeutendster Wiener Fernbahnhof, wurde zu einem für den Nahverkehr in und aus dem westlichen Niederösterreich wichtigen ÖBB-Regionalbahnhof. | links oben: Sodel Vladyslav/Shutterstock.com, rechts oben: picture alliance /Karl Schöndorfer / picturedesk.com, links unten: picture alliance/Karl Schöndorfer/picturedesk.com, rechts unten: tolgaildun/Shutterstock.com

▲ **Schafbergspitze – Österreich**

Eine meterspurige Zahnradbahn verbindet seit 1893 St. Wolfgang am gleichnamigen See mit der 1.732 Meter über dem Meer liegenden Schafbergspitze. Betrieben wird die nur in der Sommersaison verkehrende Bahn mit Dampf- und Diesellokomotiven, die maximale Steigung der Strecke beträgt 255 Promille, die Fahrt dauert etwas mehr als 30 Minuten. Die Aufnahme zeigt die moderne Bergstation mit zwei Dampfzügen, deutlich ist die inmitten des Gleises installierte Zahnstange nach dem System Abt zu erkennen. Einige Touristen (ganz rechts) genießen den Blick auf den tief im Tal liegenden Wolfgangsee. | Roman Kybus/Shutterstock.com

Hochschneeberg/Baumgartner – Österreich

Auch im Einzugsbereich der Hauptstadt Wien gibt es eine Zahnradbahn, sie führt von Puchberg auf den 1.796 Meter hohen Hochschneeberg. Sie hat eine Spurweite von 1.000 Millimeter und ist mit einer Länge von 9,7 Kilometern die längste Zahnradbahn Österreichs. Typisch für die aktuelle Schneebergbahn sind die bunten Salamander-Triebwagen, die seit 1999 in Dienst stehen und die alten Dampflokomotiven weitgehend abgelöst haben. Die Aufnahme zeigt zwei solcher Triebwagen, die sich in der Kreuzungsstation Baumgartner begegnen, wo auch ein Restaurationsbetrieb Touristen mit Speis und Trank versorgt. | Askolds Berovskis/Shutterstock.com

Berlin – Deutschland

Zu den Sehenswürdigkeiten des modernen Berlin zählt der neue Hauptbahnhof, der im Mai 2006 in Betrieb genommen wurde und als größter Turmbahnhof Europas gilt. Das markante Gebäude wurde vom Architekten Meinhard von Gerkan entworfen. Zusammen mit dem Bahnhof wurde am 28. Mai 2006 eine neue Nord-Süd-Eisenbahntrasse durch einen Tunnel in Betrieb genommen, die eine völlige Umstellung und Neuordnung des Schienenpersonenverkehrs in Berlin verwirklicht. Diese Neuordnung ergibt, wenn man die Streckenverläufe auf einem Netzplan ansieht, optisch annähernd das Bild eines Pilzes, daher bürgerte sich dafür die Bezeichnung »Pilzkonzept« ein. Auf dem Areal nördlich des Spreebogens standen bereits von 1868 bis 1951 der Lehrter Bahnhof und von 1882 bis 2002 der Lehrter Stadtbahnhof.
| Philipp Dase/shutterstock.com

Konnte man einst sofort erkennen, in welcher Gegend Deutschlands sich ein Bahnhof befand, so ist das heute nur noch eingeschränkt möglich. Natürlich gibt es sie noch, beispielsweise die typisch norddeutschen Empfangsgebäude in Ziegelbauweise, doch haben viele infolge von Rationalisierungsmaßnahmen ihren einstigen Zweck verloren und dienen heute als Wohnhaus, Fremdenverkehrsbüro oder sie verfallen zur Ruine. Heutige Bahnhofsneubauten hingegen nehmen keine Rücksicht mehr auf regionale Eigenheiten, es sind funktionale Gebäude, die beispielsweise auch von mobilitätseingeschränkten Reisenden benutzt werden können. Die Großstadtbahnhöfe hingegen präsentieren sich mittlerweile vielfach als »Einkaufszentrum mit Gleisanschluss« mit viel Handel und Gastronomie. Ändern lässt sich das nicht mehr, aber im digitalen Zeitalter braucht man keine Vielzahl an Fahrkartenschaltern mehr, so wie auch sehr große Warteräume durch den Taktfahrplan weitgehend obsolet geworden sind. Bezeichnend ist auch, dass die Deutsche Bahn sich vom Begriff »Bahnhof« mehr und mehr verabschiedet und viel lieber von »Verkehrsstationen« spricht.

Berlin – Deutschland

Lichtdurchflutet zeigt sich hier die obere Ebene des Berliner Hauptbahnhofs, die sowohl dem Fern- als auch dem Regionalverkehr dient, auf Gleis 14 steht ein IC-Zug abfahrbereit. Die obere Gleisebene besteht aus sechs Gleisen auf vier Brückenbauwerken. Die beiden äußeren sind eingleisig und die innen liegenden zweigleisig. Dazwischen sind drei Bahnsteige in einer Höhe von rund zehn Metern über dem Straßenniveau angeordnet. Der Bahnhof umfasst eine Grundfläche von 430 x 430 Metern. Das Herzstück bildet eine Fläche von 80 x 80 Metern, auf der fünf Verteilerebenen angeordnet sind. Der Höhenunterschied zwischen der obersten und untersten Ebene liegt bei 25 Metern. Insgesamt 54 Rolltreppen, sechs Panoramaaufzüge, zehn weitere Aufzüge sowie diverse feste Treppen verbinden die verschiedenen Ebenen. | posteriori/shutterstock.com

Berlin – Deutschland

Ein Berliner Klassiker ist der Bahnhof Friedrichstraße, zu Zeiten der deutschen und Berliner Teilung Grenzübergangsbahnhof zwischen West- und Ostberlin. Der Bahnhof liegt an der Stadtbahn zwischen der namensgebenden Straße und der Spree. Regional- und S-Bahn halten oberirdisch an insgesamt drei Bahnsteigen, die von Süden nach Norden als A, B, C bezeichnet werden. Die Bahnsteige liegen auf dem Stadtbahnviadukt und werden von einer größeren Bahnhofshalle für den Regionalbahnverkehr und einer kleineren für die S-Bahn überspannt. Nach der Wiedervereinigung wurde der Bahnhof von Grund auf saniert und modernisiert, unter anderem wurden die baulichen Einrichtungen der Grenzübergangsstelle entfernt. Die Deutsche Bahn investierte 220 Millionen DM in die Sanierung des ehemaligen Grenzbahnhofs. Dabei wurden die Fassaden denkmalgerecht mit glasierten Terrakottasteinen wieder hergestellt und nun auch die Fassade der Südseite erstmals verklinkert. Auf der 5200 Quadratmeter umfassenden Grundfläche der Station entstanden unter anderem Flächen für 50 Geschäfte. | JJFarq/shutterstock.com + picture alliance/imageBROKER

Bresewitz – Deutschland

Die Gemeinde Bresewitz, seit 1974 ein Teil von Pruchten, befindet sich am Eingang zum Naturschutzgebiet Darß. Sie liegt mitten im Boddenmeer in der Nähe der Stadt Barth. Am Westrand befindet sich der Bahnhof, der seit langem nicht mehr in Betrieb ist. Bis zum Zweiten Weltkrieg führte durch den Ort die Darßbahn nach Zingst und Prerow. Diese wurde nach dem Zweiten Weltkrieg abgebaut. Die Gleise bis zum Ortsteil Bresewitz wurden in den 1960er-Jahren wieder verlegt und bis 1990 bei Bedarf von der Nationalen Volksarmee genutzt. Der Streckenverlauf ist noch deutlich zu erkennen. Heute befinden sich im ehemaligen Bahnhofsgebäude Ferienwohnungen. | picture alliance/ Maximilian Schönherr

Dresden – Deutschland

Dresden Hbf ist der wichtigste Personenbahnhof der sächsischen Landeshauptstadt. 1898 entstanden, ist er ein seltenes Beispiel für einen kombinierten Insel- und Kopfbahnhof, wobei sich das Betriebsgeschehen auf zwei Ebenen abspielt. Der Bahnhof wurde mehrfach umgebaut, im Zweiten Weltkrieg schwer beschädigt und schließlich ab dem Jahre 2000 gründlichst saniert, wobei die Hochwasserkatastrophe von 2002 die Modernisierungsarbeiten beeinträchtigte. Am Abend des 10. November 2006 fand unter der Kuppel der Empfangshalle die Einweihung des sanierten Bahnhofs statt. Sie erfolgte damit noch im Jahr 2006, dem 800-jährigen Stadtjubiläum. Die Eröffnung markierte das Ende der wesentlichen Beeinträchtigungen des Reiseverkehrs, jedoch sind die Umbauarbeiten, die auch eine Verkürzung einzelner Bahnsteige beinhaltet, auch im Jahr 2020 noch nicht beendet. Wie heute üblich, haben auch im Dresdner Hauptbahnhof zahlreiche Einzelhandelsgeschäfte sowie Gastronomiebetriebe Einzug gehalten | Alexandr Medvedkov/shutterstock.com

Leipzig – Deutschland

Blick auf die modernisierten Bahnsteige des Leipziger Hauptbahnhofes im Dezember 2015 mit IC- und ICE-Zügen. Am 4. Dezember 1915 wurde der Schlussstein zum Bau des einst größten Kopfbahnhofes Europas mit seinen 26 Bahnsteiggleisen gesetzt. Die Reiseverkehrsanlagen wurde in der zweiten Hälfte der 1990er-Jahre umfassend erneuert. Dabei wurden der Bereich des Querbahnsteigs, die Eckgebäude Ost und West vollständig entkernt und in diesem Bereich ein Einkaufszentrum mit zwei zusätzlichen Geschossen unterhalb des Querbahnsteigs eingerichtet. Heute beherbergt das Empfangsgebäude ca. 11.000 Quadratmeter vermietete Fläche mit 71 Geschäften. Seit dem Umbau sind noch 24 Bahnsteiggleise vorhanden , wobei eines zur Ausstellung historischer Schienenfahrzeuge dient. | picture alliance / ZB

Hamburg – Deutschland

Eine Besonderheit des Hamburger Hauptbahnhofes sind die in einem leichten Bogen liegenden Gleise in der großen Bahnhofshalle. Der Durchgangsbahnhof wurde ab 1904 als Ersatz für die früheren verstreut liegenden Kopfbahnhöfe verschiedener Bahngesellschaften erbaut und am 6. Dezember 1906 in Betrieb genommen. Die Bahnhofshalle ist 150 Meter lang, insgesamt 114 Meter breit und bis zu 37 Meter hoch. Das von zwei 45 Meter hohen Türmen mit quadratischem Querschnitt flankierte Empfangsgebäude wurde mit einer Brücke bzw. dem »Nordsteg« quer durch die Bahnsteighalle an die Nordseite gebaut. Gemessen an den täglichen Verkehrszahlen im Personenfern- und Regionalverkehr auf nur zwölf Bahnsteiggleisen ist er nach Angabe des ehemaligen Bahnchefs Rüdiger Grube der größte »Flaschenhals« im Netz der Deutschen Bahn. 2010 wurde der Bahnhof in einer Antwort der Bundesregierung auf die Anfrage eines Abgeordneten als »überlasteter Schienenweg« eingestuft. Im gleichenJahr wurde übrigens die Strecke Niebüll – Westerland (Sylt) in diese Kategorie aufgenommen. | Riku Makela/ Shutterstock.com

Frankfurt am Main – Deutschland

Nachtluftbild vom Gleisverlauf und Gebäude des Hauptbahnhofes der Deutschen Bahn in Frankfurt am Main. Im Jahre 1888 wurde er als »Centralbahnhof Frankfurt« eröffnet. Ursprünglich wies der Kopfbahnhof drei Bahnhofshallen mit jeweils sechs Bahnsteiggleisen auf; 1924 wurde der Bahnhof um zwei äußere Hallen erweitert, die sich im Stil in das neoklassizistische Ensemble einfügten. Die Gleiszahl erhöhte sich auf 25. Zwischen 2002 und 2006 wurden die fünf Bahnsteighallen unter Berücksichtigung denkmalpflegerischer Auflagen von Grund auf saniert, 2013 konnte die Fassade des Empfangsgebäudes saniert werden, außerdem wurde die innere Gestaltung der Bahnhofs- und Empfangshallen sowie des Tiefbahnhofs modernisiert. | picture alliance / ZB/euroluftbild.de

Blumenberg – Deutschland

Der Bahnhof Blumenberg in Sachsen-Anhalt ist ein kleiner Bahnknoten an der Hauptbahn Magdeburg – Halberstadt mit abzweigenden Nebenstrecken nach Eilsleben, Schönebeck und Stassfurt. In den Jahren nach der deutschen Wiedervereinigung verloren alle Nebenbahnen ihren Personenverkehr, und mittlerweile wurde von der Deutschen Bahn auch der Halt der Hauptstreckenzüge in Blumenberg aufgegeben, weil das Fahrgastaufkommen zu gering ist. Hier fährt im Jahre 2018 noch ein Triebwagen des Harz-Elbe Express nach Halberstadt in den Bahnhof Blumenberg ein, der heute nur noch ein Betriebsbahnhof für den geringen Güterverkehr ist – ein weitgehender Rückbau der Gleisanlagen ist zu befürchten. Aber noch stehen dort mehrere mechanische Stellwerke, Formsignale und ein Wasserturm aus Dampflokzeiten an der Bahnhofsausfahrt Richtung Magdeburg. | Peter Gercke/dpa-Zentralbild/ZB

Mainz – Deutschland

Luftaufnahme des Mainzer Hauptbahnhofs, der zwischen 1882 und 1884 als Durchgangsbahnhof aus Sandstein im Stil der italienischen Neorenaissance entstand. In den Jahren 1998 bis 2003 wurde der Bahnhof grundlegend modernisiert. Die Bahnhofshalle von 1939 wurde durch eine Überbauung aus Stahlbeton ersetzt, dessen Dach mit den zahlreichen Rundungen an die früheren Bahnhofshallen erinnert. Heute halten in Mainz zahllose ICE-, EC- und IC-Linien, daneben sechs RE-, vier RB- und zwei S-Bahn-Linien. | picture alliance/ZB/euroluftbild

AC HOTEL MAINZ

Köln – Deutschland

Die Hochgeschwindigkeits-Triebzüge des Bahnbetreibers Thalys sind regelmäßige Gäste im Kölner Hauptbahnhof und bewältigen den Schnellverkehr in Richtung Belgien und Frankreich. Abgebildet ist ein mehrsystemfähiger Zug der Bauart PBKA, wobei die Buchstaben für Paris, Brüssel, Köln und Amsterdam stehen. Der Zug steht hier unter der architektonisch auffälligen Bahnsteigüberdachung in Richtung Südosten, im Hintergrund sind die Mauern des Kölner Doms auszumachen. Zwischen 1989 und 1991 wurde die Bahnsteigüberdachung vor der Halle und zwischen Halle und Eingangshalle durch einen Entwurf der Architekten des benachbarten Museums Ludwig (Busmann + Haberer mit Stefan Polónyi) ersetzt und die denkmalgeschützte Halle selbst wurde aufwendig renoviert. | Christian Mueller/shutterstock.com

Köln – Deutschland

Luftaufnahme des Kölner Hauptbahnhofs samt seiner interessanten Umgebung, wie dem weltberühmten Dom (rechts) und dem»Musical Dome« vor der nach mehreren Erweiterungen sechsgleisige Hohenzollernbrücke, die links in den Bahnhof Köln-Deutz mündet und den Rhein überquert. Im jahre 1857 hatte Köln seinen ersten Centralbahnhof erhalten, der aber schon bald nicht mehr dem gestiegenen Verkehrsaufkommen genügte. Als Ersatz wurde 1883 der Bau eines neuen Hauptbahnhofs beschlossen, der an gleicher Stelle mit Anhebung der Gleisanlagen nach Vorbild der Berliner Stadtbahn entstand, wobei ganze Häuserzeilen dem Bahnbau weichen mussten. 1894 wurde die große dreigliedrige Bahnsteighalle, die konstruktiv an die Bahnsteighalle des Bahnhofs London St Pancras angelehnt ist, fertiggestellt. Mit der seinerzeit größten Spannweite von 64 Metern überspannte die Mittelhalle die heutigen Gleise 2 bis 7 und die beiden 13,5 Meter breiten Seitenschiffe die Gleise 1 und 8. Im Zuge des S-Bahn-Baus bis 1991 wurde die gesamte Bahntrasse, der Bahnhof und die Hohenzollernbrücke um zwei unabhängige Gleise erweitert. Zunächst wurde 1975 der Hauptbahnhof um zwei Gleise (10 und 11) erweitert und 1989 die Hohenzollernbrücke mit der S-Bahn-Stammstrecke auf sechs Gleise. | picture alliance/dpa

▲ **Dießen – Deutschland**

Nicht weit entfernt vom lieblichen Ammersee liegt der Bahnhof Dießen in Oberbayern. Er liegt an der Ammerseebahn von Mering über Geltendorf nach Weilheim und wurde 1898 als Durchgangsbahnhof eröffnet, nachdem er wenige Monate Endbahnhof der Strecke von Weilheim aus war. Östlich des unter Denkmalschutz stehenden Empfangsgebäudes im Heimatstil befindet sich die Anlegestelle für die Ammerseeschiffe, die Dießen unter anderem mit Herrsching am Ostufer des Ammersees verbinden. | picture alliance/Westend61

München – Deutschland

Als süddeutsche Verkehrsdrehscheibe gilt der Münchner Hauptbahnhof, der als Kopfbahnhof über 32 Bahnsteiggleise verfügt. Der einstige »Centralbahnhof« blickt auf eine lange Geschichte zurück, schon 1848 fuhren an der Stelle, wo sich der heutige Hauptbahnhof befindet, die ersten Züge. Nach schweren Zerstörungen im Zweiten Weltkrieg wurde der Bahnhof in Etappen wieder neu errichtet. So wurde die Haupthalle, die die Aufnahme mit einem ICE-Zug der Deutschen Bahn zeigt und die die Bahnsteiggleise 11–26 überspannt, in zwei Bauabschnitten neu erstellt, und zwar 1950 und 1959/60, jedoch mit 220 m Länge deutlich länger als früher. Sie hat neben den Randstützen bei 70 Meter Stützweite nur noch eine Mittelstützenreihe, was für die damalige Zeit ungewöhnlich war. Neben der Haupthalle gibt es noch den Holzkirchener und den Starnberger Flügelbahnhof. Mittlerweile Geschichte ist übrigens das 1960 eingeweihte Empfangsgebäude, das 2019 im Zuge der Bauarbeiten für einen zweiten S-Bahn-Tunnel abgebrochen wurde. Ein neues Gebäude soll frühestens 2029 fertig sein. | Alberto Masnovo/shutterstock. com

ICE
Offenburg
Abfall
Woanders ist es ein Job. Hier eine Aufgabe.

Augsburg – Deutschland

Bahnhöfe sind Orte des immer währenden Wandels. Das zeigt der Augsburger Hauptbahnhof, der Endpunkt der meistbefahrenen Bahnstrecke Deutschlands (München – Augsburg) ist, exemplarisch. Der erste Bahnhof der Fuggerstadt wurde ab 1838 an anderer Stelle erbaut: unweit des Roten Tors. Dieser war ebenfalls Endpunkt der Strecke von München, die 1840 in Betrieb ging. Heute ist dieser erste Bahnhof Teil einer Straßenbahnremise an der Baumgartnerstraße. Von 1843 bis 1846 entstand dann das Empfangsgebäude des jetzigen Bahnhofs. Architekt war Eduard Rüber, der eine ganze Reihe von Bahnhöfen in Bayern plante. Der mittlere, etwas erhöhte Bauteil geht in Teilen auf dieses erste Gebäude zurück. Wenige Jahre später wurde wieder umgebaut. Unter anderem wurde der Mittelbau erhöht. Und noch im 19. Jahrhundert baute man abermals um und aus – im damals geschätzten Stil des Spätklassizismus. Bis in die 1930er-Jahre war das Gebäude übrigens unverputzt mit Blankziegeln. Damit entsprach die Optik der vieler bayerischer »Staatsbauten«, etwa der von Kasernen und Postgebäuden. Und heute ist der Bahnhof nach kleineren Veränderungen in den 1950er-Jahren und einer Modernisierung 1983 bis 1984 wieder Großbaustelle: Er wird für die Straßenbahn untertunnelt. Dabei wird er barrierefrei gestaltet. Auf dem Bild sind die Bauarbeiten in vollem Gang. | picture alliance/ZB/euroluftbild

GATX

Antwerpen – Niederlande

Aus dem März 2014 stammt die Aufnahme des Bahnhofs Antwerpen-Centraal im Zentrum der Innenstadt von Antwerpen in Belgien. Die kompakt wirkende heutige Anlage aus den Jahren 1899 und 1905 erhielt eine 186 Meter lange und 66 Meter breite Bahnhofshalle aus Stahl nach einem Entwurf des Ingenieurs Clement Van Bogaert. Die beeindruckende Höhe von 43 M etern war für den einwandfreien Abzug von Rauch und Qualm der Dampflokomotiven wichtig. Das steinerne Empfangsgebäude in eklektizistischem Stil (Bildmitte oben als Abschluss der Bahnhofshalle) stammt von Louis de la Censerie. Er ließ sich vom Bahnhof Luzern und dem Pantheon in Rom inspirieren. Wegen der dominierenden Kuppel (75 Meter hoch) wird das Gebäude im Volksmund Eisenbahnkathedrale) genannt. Mitte des 20. Jahrhunderts war der Bahnhof baulich in einem sehr schlechten Zustand. Der Abriss des Gebäudes wurde in den 1960er-Jahren erwogen. Das Gebäude erhielt aber Denkmalschutz und wurde ab 1993 grundlegend renoviert. | picture alliance / ZB/euroluftbild.de

Die Benelux-Staaten Belgien, Niederlande und Luxemburg verfügen über ein dichtes Eisenbahnnetz, das bis in die 30er-Jahre des 19. Jahrhundert zurückreicht. Die niederländische Staatsbahn kann übrigens für sich in Anspruch nehmen, als erstes europäisches Land schon seit 1958 auf Dampfloks verzichten zu können. Heute sind die Hauptstrecken in den drei Staaten vollständig elektrifiziert. Dieseltriebwagen übernehmen die Verkehrsleistungen auf den noch nicht stillgelegten Nebenstrecken. In allen drei Staaten wurden die wichtigsten Bahnhöfe in den letzten Jahren oder Jahrzehnten modernisiert, um den heutigen Anforderungen, etwa dem dichten Taktverkehr, gerecht zu werden. An die alten Eisenbahnzeiten erinnern einige Museumsbahnen, die sich nicht nur durch interessante Fahrzeuge, sondern auch liebevoll restaurierte und gepflegte Infrastruktur auszeichnen.

◄ Utrecht – Niederlande

Der Bahnhof Utrecht Centraal, umgangssprachlich Utrecht CS, ist der Hauptbahnhof der niederländischen Stadt. Er ist der größte Bahnhof der Niederlande mit 16 Gleisen an acht Bahnsteigen. Schon 1843 wurde an dieser Stelle ein erster Bahnhof errichtet, im Laufe der Jahrzehnte erfolgten zahlreiche Um- und Erweiterungsbauten. Seit 2008 werden der Bahnhof und weite Teile seiner Umgebung vollständig umgebaut. Die Halle wurde durch eine Glaskonstruktion des Architektenbüros Benthem Crouwel ersetzt, außerdem werden Bahnsteigdächer erneuert. Die Busstation, welche sich zuvor auf der Ostseite des Bahnhofs befand, wurde auf zwei Haltestellen verteilt. Noch während der Umbauarbeiten entstand im Juni 2015 diese Luftaufnahme, anderthalb Jahre später wurde der für 420 Millionen Euro umgebaute Bahnhof feierlich eröffnet – für Radfahrer stehen 12.500 Fahrrad-Abstellplätze zur Verfügung; das ist vorbildlich. | Aerovista Luchtfotografie/shutterstock.com

Amsterdam – Niederlande

Amsterdam Centraal, der Hauptbahnhof der niederländischen Hauptstadt, aus der Vogelperspektive: Wo wir uns befinden ist ja auch kaum zu übersehen. Das große Empfangsgebäude, erbaut im Stil der Neo-Renaissance und 1889 eröffnet, befindet sich auf der der Stadt zugewandten Seite. Der Architekt Cuypers hatte zwar den Bahnhof entworfen, die beiden großen röhrenförmig anmutenden Bahnsteighallen entstammen jedoch einer Planung des Eisenbahningenieurs L.J. Eijmer. Die Fertigstellung der ersten Halle auf der Stadtseite erfolgte im Jahr 1889, die schmalere und längere Halle auf der IJ-Seite (zum Gewässer hin) wurde im Jahr 1922 fertiggestellt. Die zwischen den beiden Hallen seinerzeit offen gebliebenen Bahnsteigbereiche wurden erst im Jahr 1996 überdacht. Wie unschwer zu erkennen, ist – wie so oft im Amsterdam – das Wasser nicht weit entfernt. Um konkret zu sein, der Bahnhof steht auf Wasser, er wurde auf künstlichen Inseln errichtet. Seine Stablität garantieren, Vernedig läßt grüßen, unzählige in den Grund gerammte Baumstämme. | Aerovista Luchtfotografie/shutterstock.com

Groningen – Niederlande

Der Bahnhof der niederländischen Großstadt Groningen ist ein konventioneller Durchgangsbahnhof mit stadtseitigem Empfangsgebäude und langen Bahnsteigen mit elf Gleisen, die für den Reisezugverkehr nutzbar sind. Die Luftaufnahme zeigt den Bahnhof – links des Empfangsgebäude, das manche für das schönste der Niederlande halten – sowie das UWV-Gebäude rechts daneben (UVW ist der Leistungsträger der Arbeitnehmerversicherungen) und im Hintergrund das im Wasser des Zujderhafens liegende Groninger Museum. Die Aufnahme rechts zeigt das Empfangsgebäude von der Straßenseite aus. Typisch für die Architektur des ausgehenden 19. Jahrhunderts zeigt die Fassade einen dekorativen Mix aus Spätgotik und Neo-Renaissance.
| Aerovista Luchtfotografie/shutterstock.com + W. Bulach, CC BY-SA 4.0

Lüttich – Belgien

Der Bahnhof Liège-Guillemins ist der wichtigste Bahnhof der in der belgischen Region Wallonien gelegenen Stadt Lüttich. Der nach durchgreifendem Um- und Neubau seit September 2009 in seiner heutigen Gestalt lichtdurchflutete Bahnhof befindet sich etwas außerhalb der Innenstadt, im Stadtteil Guillemins. Mit der Inbetriebnahme der Hochgeschwindigkeitszüge galt der alte Bahnhof Lüttich-Guillemins nicht mehr als zeitgemäß. Nach einem internationalen Wettbewerb wurde das Projekt an den Architekten Santiago Calatrava vergeben, der bereits Erfahrungen in Sachen Bahnhofsarchitektur vorweisen konnte. Der neue Bahnhof besteht aus Stahl, Glas und weißem Beton. Er prunkt mit einen monumentalen Baldachin von 200 Metern Länge und 35 Metern Höhe. Der neue Bahnhof hat 11 Bahnsteiggleise mit einer Länge von bis zu 450 Metern, wodurch hier auch Thalys-Doppeleinheiten halten können. | Picture alliance / imageBROKERRoda

Straßburg – Frankreich

Futuristische Architektur trifft auf historische Bausubstanz: Der Bahnhof Strasbourg-Ville, deutsch Straßburg Hauptbahnhof, ist der zentrale Bahnhof der elsässischen Hauptstadt. Er wurde auf dem Gelände der Straßburger Vauban-Befestigungen errichtet. Die Bauarbeiten begannen 1878 nach einem Entwurf des Berliner Architekten Johann Eduard Jacobsthal. Der Bahnhof wurde bereits am 15. August 1883 eingeweiht und ersetzte den alten Straßburger Kopfbahnhof. Endgültig abgeschlossen wurden die Bauarbeiten allerdings erst 1898. Er ist als Denkmal (französisch *Monument historique*) besonders geschützt. Im Zuge des Anschlusses an den TGV-Verkehr erlebte der Bahnhof in den Jahren 2006 und 2007 bedeutende Umbaumaßnahmen. Mit einer vor das Empfangsgebäude gesetzten Glaswand, die oben gewölbt ist und an die Fassade des Gebäudes anschließt, wurde ein neuer Vorraum geschaffen, unter dem auch ein zusätzliches Untergeschoss erstellt wurde. | picture alliance/imageBROKER

Im zentralistisch geprägten Frankreich entstanden im vorletzten Jahrhundert zahlreiche Bahnstrecken, die alle Paris als Hauptziel hatten. Da verwundert es nicht, dass die französische Hauptstadt gleich über sechs große Kopfbahnhöfe verfügt. Radial- und Tangentiallinien ergänzten das Netz; zahlreiche Nebenbahnen zur Erschließung der Region sind in den letzten Jahren stillgelegt worden. Erst 1938 wurden die zahlreichen großen und kleinen privaten Bahngesellschaften zur Staatsbahn SNCF vereinigt, die in der Folgezeit nicht nur die Elektrifizierung vorantrieb, sondern auch vereinheitlichte Infrastrukturen, wie Lokschuppen errichten ließ. Einer Revolution gleich kam der Aufbau des Hochgeschwindigkeitsnetzes für die TGV-Züge (trains grand vitesse): Den Anfang machte 1981 die neu erbaute Strecke Paris – Lyon, der zahlreiche weitere folgten. Nur im Zu- und Ablauf verkehren einzelne TGV über konventionelle Bahnstrecken. Für die Erschließung mittelgroßer Städte fiel die Wahl häufig auf den Bau von Bahnhöfen, die einige Kilometer von den Stadtzentren entfernt direkt an den Schnellfahrstrecken liegen. Der Halt von TGV-Zügen an solchen Bahnhöfen ist mit weitaus geringerem Zeitverlust verbunden, als wenn die Züge zuerst auf die Altbaustrecken ausfädeln und zu den Bahnhöfen im Stadtzentrum fahren müssten. Während die ersten dieser TGV-Bahnhöfe reine Zweckbauten sind, gelten die neueren als architektonische Meisterwerke.

Paris – Frankreich

Bahnhofsgaststätten müssen keine üblen Kaschemmen oder Bierschwemmen sein. Dass es auch anders geht, beweist das Bahnhofsrestaurant »Le Train Bleu« im Gare de Lyon in Paris mit der prunkvollen denkmalgeschützten Dekoration aus der Zeit um 1900. Es wurde von Marius Toudoire entworfen, die 41 Gemälde im Inneren wurden bei 30 Malern in Auftrag gegeben. Die Themen der Wandmalereien sind vor allem die Städte und Regionen, die das Bahnnetz der Gesellschaft PLM einst mit Paris verbanden. | Picture alliance / imageBROKER

Paris – Frankreich

An der Fassade des Bahnhofs Paris Gare du Nord symbolisieren acht Frauenstatuen wichtige Reiseziele: Brüssel, Amsterdam, London, Wien, Berlin, Warschau, Köln und Frankfurt am Main. Der Bahnhof Paris-Nord liegt im 10. Arrondissement von Paris am Place Napoléon III. und ist der am meisten frequentierte Bahnhof Europas, weltweit liegt er auf Platz Drei. Täglich werden an diesem Kopfbahnhof etwa 700.000 Passagiere abgefertigt. Seine prächtige Gestalt im Stil des Neoklassizimus erhielt er im Jahr 1861. Dafür verantwortlich zeichnete in erster Linie der Architekt Ignaz Hittorff, der 1792 in Köln geboren worden war. Damals war das linksseitige Rheinland durch Frankreich annektiert und folgerichtig besaß Hittorff die französische Staatsbürgerschaft. So stand auch dem Umzug nach Paris im Jahr 1810 kein Hindernis im Weg. | Picture alliance / imageBROKER

Paris – Frankreich

Blick auf Paris und den Bahnhof Montparnasse aus der Vogelperspektive. Der aktuelle Kopfbahnhof (einer von insgesamt sechs in Paris) wurde im Rahmen eines Immobilienprojekts an der Place Raoul Dautry 1990 im Zuge der Inbetriebnahme des ersten Abschnitts der Hochgeschwindigkeitsstrecke LGV Atlantique neu gestaltet. Gerade zu Ferienzeiten wird der Bahnhof sehr stark frequentiert, da es von hier in beliebte Urlaubsregionen im Westen und Südwesten Frankreichs geht. Außen wurde eine Porte Océane genannte Glasfassade eingebaut, die den Blick auf die Innenarchitektur aus Beton ermöglicht und eine verbesserte Wahrnehmung als Bahnhof erlauben soll. Unter Teilen der Gleise wurde ein Parkplatz angelegt. Auf dem Dach, das 22 Gleise des Bahnhofs überspannt, befindet sich mit dem Jardin Atlantique ein etwa 150 x 230 Meter großer, öffentlich zugänglicher Garten. Übrigens: Der alte Bahnhof war Schauplatz eines Eisenbahnunglücks, das eines der wohl berühmtesten Fotos der Eisenbahngeschichte ermöglichte: Eine Lok hatte im Herbst 1895 nach einem Versagen der Bremsen die Gebäudemauer des Empfangsgebäudes nach außen durchbrochen und war der Länge nach nach unten auf das Straßenniveau gestürzt. | Kit Leong/shutterstock.com

▲ Paris – Frankreich

Eine moderne Verkehrsstation auf verschiedenen Ebenen, die mit Rolltreppen und Aufzügen verbunden sind, so präsentiert sich heute der dank großzügiger Verglasung lichtdurchflutete Bahnhof Montparnasse in Paris den Reisenden. | picture alliance / imageBROKER

Paris – Frankreich

Erst diese Tageslichtaufnahme verdeutlicht den Umfang der Gleisanlagen im Pariser Bahnhof Montparnasse, der unter anderem dem Verkehr des TGV Atlantique in Richtung West- und Südwestfrankreich dient. Im Bahnhof gibt es 28 oberirdische Bahnsteiggleise. Auf den Gleisen 1 bis 9 (links) verkehren TGVs, auf den Gleisen 10 bis 17 Transilien-Züge (= Vorortzüge) und auf den Gleisen 18 bis 24 der TER Centre sowie TGVs. Dazu kommt noch ein Seitenflügel, der »Gare Vaugirard«, wo die Gleise 25 bis 28 (rechts) verlegt sind. Von hier aus verkehren Corail Intercités (entsprechen den deutschen Intercitys) sowie TER-Züge nach Granville und Argentan. | Picture alliance / imageBROKER

▲ Lyon – Frankreich

Der Gare de Lyon-Saint-Exupéry TGV liegt etwas außerhalb der schönen Rhone-Stadt. In erster Linie ist er ein Fernverkehrsbahnhof, der den Flughafen Lyon ans TGV-Netz anbindet. Für die futuristisch anmutende Architektur ist der spanische Stararchitekt Santiage Calatrava verantwortlich. Weitere Projekte seines Büros Santiago Calatrava AG sind unter anderem der Umsteigebahnhof am Ground Zero in New York, der Bahnhof Zürich Stadelhofen, und der Bahnhof Liège-Guillemins. Sein Projekt in Lyon zeichnete sich nicht nur durch den wirklich beeindruckenden Baustil aus, sondern auch durch eine gewaltige Kostenüberschreitung. Für insgesamt rund sechs Milliarden Francs entstand unter anderem eine 450 Meter lange und 56 Meter breite Halle aus Stahlbeton, Stahl und Glas mit sechs Gleisen. | picture alliance/Schütze/Rodemann/www.bildarch

Cerbère – Frankreich

Übersichtsaufnahme des Bahnhofs Cerbère in Südfrankreich an der Grenze zu Spanien. Links sind das Dach des Empfangsgebäudes sowie die in einem Gleisbogen angelegte Bahnhofshalle zu sehen. In der Mitte sind Abstellgleise auszumachen, ganz rechts grüßt das Mittelmeer. Der Personenbahnhof umfasst fünf Gleise an drei Bahnsteigen, das langgestreckte Bahnhofsgebäude liegt auf der dem Ort abgewandten Seite. Eine »Spezialität« ist noch zu erwähnen: Es handelt sich um das Stumpfgleis am Hausbahnsteig. Es ist in spanischer Breitspur ausgeführt, hier enden die über den spanischen Grenzbahnhof Portbou (auch: Port Bou) kommenden Züge aus Barcelona. Die Gleise links des Bahnhofs führen zu einem gewaltigen Gleisfächer, der dem Güterumschlag dient und regelrecht in einen Berg hineingegraben wurde. | BOULENGER Xavier/shutterstock.com

HOTEL

Angoulême – Frankreich

Blick auf den Bahnhof von Angoulême im französischen Department Charente. Als Trennungsbahnhof befindet er sich an den Strecken Paris – Bordeaux, Limoges – Angoulême und Beillan – Angoulême. Rechts das in seinen Ursprüngen 1852 entstandene Empfangsgebäude mit seiner Bahnhofshalle, die vier Bahnsteiggleise überdeckt. Links am Außenbahnsteig ein Regional-Triebwagen. Während die Hauptgleise mit Fahrleitung überspannt sind, hat man diese Investition bei den links sichtbaren Gütergleisen unterlassen – folglich rangiert hier eine Diesellok.
| Leonid Andronov/Shutterstock

Madrid – Spanien

Im Jahre 1992 wurde der neue Bahnhof Atocha in der spanischen Hauptstadt Madrid in Betrieb genommen. Während der Regionalverkehr in einem unterirdischen Durchgangsbahnhof abgewickelt wird, treffen sich die Fernzüge in einer lichtdurchfluteten Bahnhofshalle, wie diese Aufnahme mit mehreren AVE-Hochgeschwindigkeits- und Talgo-Gliederzügen belegt. Erhalten wurde aber auch die alte Halle im Jugendstil, die als Warteraum und Treffpunkt genutzt wird. Leider gibt es auch Negatives zu berichten. Islamistische Terroristen verübten im März 2004 eine Reihe von Anschlägen in Madrid. Im Bahnhof und dessen näherer Umgebung gab es sieben Explosionen. Fast 200 Todeopfer waren insgesamt zu beklagen. Zur Erinnerung an die Verbrechen errichtete man ein Denkmal direkt vor dem Bahnhof. | picture alliance/imageBROKER

Auf der iberischen Halbinseln wird traditionell auf 1.668 Millimeter Breitspurgleisen gefahren. In Portugal betreibt die Staatsbahn CP auch noch einige wenige Meterspurstrecken, wenngleich die meisten dieser Bahnen in den 1980er-Jahren estillgelegt wurden. In Spanien wurde auch mit EU-Fördergeldern ins neu konzipierte Hochgeschwindigkeitsnetz investiert: 1992 wurde die erste Hochgeschwindigkeitsstrecke für den HGV-Zug AVE (Alta Velocidad Española) zwischen Madrid und Sevilla gebaut. Vorausschauend wurde diese in der europäischen Normalspur ausgeführt. Weitere Strecken wurden in den Folgejahren eröffnet, wobei hinsichtlich Infrastruktur und Fahrzeugpark stets der französische TGV Vorbild war. An den neuen Strecken entstanden neue Bahnhöfe, so wurde der Bahnhof Madrid-Atocha durch einen Neubau ersetzt. Auch einige vorhandene Breitspurstrecken wurden für den Hochgeschwindigkeitsverkehr ausgebaut, meist liegen diese in Verlängerung der Normalspur-Strecken, sodass umspurbare Züge eingesetzt werden. Abschied nehmen hieß es in den letzten Jahrzehnten von vielen Schmalspurbahnen, die der Konkurrenz durch den Individualverkehr nicht mehr gewachsen waren.

Soller – Spanien

Diese Luftaufnahme aus dem April 2020 zeigt die Gleisanlagen und Hochbauten des Bahnhofs von Soller auf der Ferieninsel Mallorca. Der Betrieb wird von der Ferrocarril de Sóller abgewickelt, die eine Nebenbahnstrecke mit 914 mm Spurweite nach Palma sowie eine Straßenbahnstrecke zum Hafen von Soller betreibt. Deutlich ist in der rechten Bildhälfte das kleine Bahnbetriebswerk mit Drehscheibe und Ringlokschuppen zu erkennen. | picture alliance/ZB/euroluftbild.de

Madrid – Spanien

Der Bahnhof Atocha ist einer der beiden Fernbahnhöfe Madrids, hier ein Blick auf das Gleisvorfeld. 1992 wurde der neue Bahnhof Atocha in Betrieb genommen seitdem dient die Halle des Alten Bahnhofs mit einem Palmengarten als Treffpunkt der Madrilenen. Der heutige Bahnhof besteht aus zwei Teilen. Die Fernzüge, darunter der Hochgeschwindigkeitszug AVE nach Sevilla, enden im wiederum als Kopfbahnhof gebauten oberirdischen Bahnhofsteil. Regionalzüge und S-Bahnen nutzen einen unterirdischen Durchgangsbahnhof, an den sich drei zweigleisige Tunnels anschließen. | Leonid Andronov/shutterstock.com

EXTINTOR
5
B
SECTOR
4

Barcelona – Spanien

Estació de França (katalanisch für Frankreich-Bahnhof) ist ein Fern- und Regionalbahnhof in der katalanischen Metropole Barcelona. Er ist nach dem Bahnhof Barcelona-Sants der zweitwichtigste der Stadt. Der Kopfbahnhof entstand in seiner heutigen Form anläßlich der Weltausstellung im Jahre 1929. Beeindruckend ist die 29 Meter hohe und 195 Meter lange zweischiffige Bahnhofshalle, die teilweise in einem Gleisbogen liegt. | Alberto Zampano/Shutterstock

Porto – Portugal

Nicht viel los ist zum Zeitpunkt der Aufnahme auf dem Bahnhof São Bento im portugiesischen Porto im Mai 2017. Erste Züge fuhren bereits 1896 bis nach São Bento, das Empfangsgebäude selbst ging jedoch 1916 in Betrieb. Der Bahnhof befindet sich auf dem Gelände des früheren Klosters Mosteiro de São Bento de Avé-Maria, heute ist nur noch der Name des Klosters erhalten. Die innerstädtische Lage des Durchgangsbahnhofs machte auch den Bau von drei Tunneln notwendig, von denen einer direkt an der Bahnhofsausfahrt liegt. Seit 1966 ist der Bahnhof elektrifiziert und seit 1997 steht er unter Denkmalschutz, sodass Pläne, ihn durch ein Einkaufszentrum zu ersetzen, nicht realisiert wurden. | Mirjam Claus/Shutterstock.com

Lissabon – Portugal

Rechtzeitig zur Expo 1998 entstand der Gare do Oriente (Ostbahnhof). Bei einem Wettbewerb 1994 siegte der Architekt Santiago Calatrava gegen andere Entwürfe, ein Jahr später begannen die Bauarbeiten. Als Durchgangsbahnhof für den Fern-, Regional- und Nahverkehr konzipiert, liegen die Gleise 14 Meter über dem Straßenniveau. Die Gleise werden von einer sehr leicht wirkenden Dachkonstruktion aus Glas überspannt. Sie zeigt die für den Architekten typische gleichzeitig technische und natürliche Anmutung. In diesem Fall wirken Elemente des Dachs wie gerippte Blätter. Von den Bahnsteigen aus führen Treppen, Rolltreppen und Aufzüge zur Querhalle mit Fahrkartenschaltern und Kiosken. | monterio.online/Shutterstock. com

Aveiro – Portugal

Bunte Zierfliesen-Kunstwerke, sogenannte Azulejos schmücken viele portugiesische Bahnhöfe, so auch das alte Empfangsgebäude von Aveiro, das heute für Kunstausstellungen genutzt wird. Unter Azulejo versteht man ein Bild aus zumeist quadratischen, bunt bemalten und glasierten Keramikfliesen, das seinen europäischen Ursprung in Spanien und Portugal hat. Diese wetterfesten Fliesen sind in diesen Ländern fester Bestandteil des Stadtbildes. Die Azulejo dieser Aufnahme zeigt unter anderem das Empfangsgebäude. | Marina J./Shutterstock. com

Bozen – Italien

Vom Rittener Berg hat man diesen Ausblick auf den Bahnhof von Bozen – italienisch Bolzano – in Südtirol. Der Bahnhof Bozen ist betriebstechnisch ein Trennungsbahnhof zwischen der Brennerbahn und der Bahnstrecke Bozen – Meran. Hier halten internationale EuroCity-Fernverkehrszüge, die Deutschland, Österreich und Italien miteinander verbinden. Über die Hochgeschwindigkeitszüge Frecciargento bestehen schnelle Verbindungen Richtung Rom. Von hoher Bedeutung ist der Bahnhof Bozen als Vollknoten im regionalen Taktfahrplan. Der Schienennahverkehr wird dabei durch Züge der Trenitalia sowie der SAD abgewickelt, die zusammen mit der SASA auch die Busverbindungen zum Bahnhof betreibt. Der vom österreichen Ingenieur Alois Negrelli entworfene Bahnhof wurde 1859 eröffnet. In den Zeiten des Faschismus betreute Angiolo Mazzoni eine Umgestaltung des Empfangsgebäudes, das 1928 neu eingeweiht werden konnte (rechts des Gleisfeldes sichtbar). Das Gebäude erlitt im Zweiten Weltkrieg starke Beschädigungen, die allerdings rasch beseitigt werden konnten. In den 2000er-Jahren wurde der Bahnhof vom Betreiber Centostazioni erneut umgebaut.
Und hier noch ein Nachschlag zu Alois Negrelli: Der Bozener Bahnhof war nicht sein einziges Eisenbahnprojekt. Unter anderem war er Projektleiter des ersten ganz auf Schweizer Boden befindlichen Bahnprojektes, der Spanisch-Brötli-Bahn von Baden im Aargau nach Zürich. Viele weitere Bahnstrecken entstanden in Österreich unter seiner Leitung. Dazu zählte – in zwei Etappen verwirklicht – die Strecke Wien – Prag. Mit Negrelli haben wir also einen echten Eisenbahnpionier im Blick. Nicht unterschlagen sollte hier werden, dass dieser wohl sehr fleißige Bautechniker zudem eine entscheidende Rolle bei der Planung des Suez-Kanals spielte. Auf ihn geht der Plan zurück, einen schleusenlosen Bau des Kanals vorzusehen.
| Picture alliance / imageBROKER

Die Geschichte der Eisenbahn in Italien begann 1839, als die erste Eisenbahn auf der Halbinsel ihren Betrieb zwischen Neapel und Portici aufnahm. Aus privaten und staatseigenen Bahnen entstand nach der Vereinigung des überwiegenden Teils des Streckennetzes 1905 eine Staatsbahn, die seitdem den Großteil des Schienenverkehrs in Italien betreibt. In Italien fährt man auf normalspurigen Gleisen, zudem gibt es zahlreiche Nebenbahnen, die in 950-mm-Spurweite ausgeführt sind. Da Italien über keine eigenen Kohlevorkommen verfügt, begann die Elektrifizierung bereits um 1900. Dennoch konnte sich die Dampflok noch bis in die 1980er-Jahre hinein behaupten und damit einige Jahre länger als in anderen mitteleuropäischen Städten. Von Bedeutung ist auch die italienische Lokindustrie, genannt seien hier die Firmen Ansaldo, Breda und Fiat, die auch Exporterfolge aufweisen können. Bereits vor rund 40 Jahren begann der Bau von Hochgeschwindigkeitsstrecken, wobei diese teilweise Bestandsstrecken ablösten. So findet man als Kontrast prachtvolle alte Bahnhofsgebäude in Großstädten, verträumte und teilweise leer stehende Landbahnhöfe und neue Verkehrsstationen, an denen sich namhafte Designer »austoben« durften.

Genua – Italien

Der Bahnhof Genova Piazza Principe ist einer der zwei Hauptbahnhöfe der italienischen Hafenstadt Genua. Er liegt im nordwestlichen Bereich des Stadtzentrums zwischen der Piazza Acquaverde und der Piazza del Principe. Das Bahnhofsgebäude (ganz links im Bild) nimmt den gesamten nördlichen Abschnitt der Via Andrea Doria ein. Hier befinden sich die Serviceeinrichtungen in Höhe des Straßenplanums, während die Gleisanlagen und Bahnsteig eine Etage tiefer angelegt sind Der Bahnhof wurde 1860 unter der Leitung des Architekten Alessandro Mazzucchetti erbaut. Damals überspannte eine Stahlhalle in einem weiten Bogen die Gleise. Heute dienen breite Bahnsteigdächer dem Schutz der Fahrgäste vor den Unbillen der Witterung. Unser Blick richtet sich nach Westen. Würde man sich umdrehen, würde man auf große Tunnelportale schauen: Die Gleise verschwinden in einem Tunnel, der der Unterquerung weiter Teile der Innenstadt dient und erst wieder am Bahnhof Genova Brignole endet. | StockphotoVideo/Shutterstock.com

Manarola – Italien

Zahlreiche Touristen warten hier auf einem Bahnsteig am Bahnhof des Cinque-Terre-Ortes Manarola (Italien) auf den einfahrenden Zug. Manarola an der ligurischen Küste verfügt über eine Eisenbahnstation an der Bahnstrecke Pisa – Genua, die den Ort mit La Spezia und Sestri Levante verbindet. Der Bahnhof liegt, wie unschwer zu erkennen, direkt am Meer und ist mit dem Dorf über einen 100 Meter langen Tunnel verbunden. Die Gleise liegen im Bahnhofsbereich der Küstenlinie folgen dieser in einem leichten Bogen und in beiden Fahrtrichtungen verschwinden die Gleise wieder in Tunnels. Die felsige Küste verlangte beim Streckbau viele Tunnelabschnitte. | picture alliance/Rolf Haid

Reggio Emilia – Italien

Der Bahnhof Reggio Emilia AV Mediopadana ist der einzige Haltepunkt für Hochgeschwindigkeitszüge im Streckenabschnitt Mailand – Bologna und wurde im Juni 2013 offiziell für Reisende in Betrieb genommen. Der vom spanischen Architekten Santiago Calatrava, der uns in diesem Buch immer wieder begegnet, entworfene Bahnhof gilt als Meisterwerk moderner Architektur und besteht aus einer 483 Meter langen und zwischen 35 und 50 Meter breiten und durchschnittlich 20 Meter hohen (mithin riesigen) Bahnhofshalle, deren weiße Stahl-Glas-Konstuktion horizontal und vertikal schwingend einer Abfolge von Wellen gleicht. Das Foto zeigt einen Ausschnitt der Seiten»wand«. | picture alliance / imageBROKER

Venedig – Italien

Diese Luftaufnahme zeigt Venedig und den Hauptbahnhof Santa Lucia. Er ist ein Kopfbahnhof und der einzige Bahnhof auf der Insel von Venedig. Seinen Namen hat er von der Santa-Lucia-Kirche, die ursprünglich an diesem Ort stand und für den Bau des Bahnhofs 1861 abgerissen wurde. Ein Gedenkstein auf der Mitte des Platzes erinnert an die ehemalige Kirche. Das jetzige Erscheinungsbild des Bahnhofs ist das Ergebnis einer Reihe von Entwürfen, die seit 1924 durch den Architekten Angiolo Mazzoni sowie durch einen Wettbewerb von 1934 entstanden sind. Gewinner des Wettbewerbs war Virgilio Vallot (1901–1982). Beide Architekten arbeiteten bei der Ausführung des Bahnhofs, vor allem des Empfangsgebäudes und der Halle, in den Jahren 1936 bis 1943 eng zusammen. Der Bau wurde nach Kriegsende unter der Leitung des Architekten Paolo Perilli weitergeführt und 1952 fertiggestellt. Über den Ponte della Libertà (Brücke der Freiheit) ist der Bahnhof mit dem Knotenbahnhof Venezia Mestre auf dem Festland (oben im Bild) verbunden und damit auch mit dem restlichen FS-Netz. Vor dem Bahnhof erwarten den Venedig-Reisenden übrigens keine Straßenbahnen, Busse oder Taxis, sondern acht Vaporetta-Linien, die verschiedene Ziele an Venedigs Kanälen ansteuern.
| Aerial-motion/Shutterstock.com

Turin – Italien

Der Bahnhof Torino Porta Susa ist ein Fern- und Regionalbahnhof in der italienischen Stadt Turin und mittlerweile der wichtigste Bahnhof der Stadt. Die ersten zwei Gleise des Tunnelbahnhofs wurden bereits 2008 eröffnet; als der alte oberirdische Bahnhof schließlich geschlossen wurde, nahmen zwei weitere Gleise der eigentlich Torino Porta Susa sotterranea genannten Station den Betrieb auf. Die Bahnhofsverlegung wurde notwendig, da man aus städtebaulichen Gründen beschlossen hatte, die Bahn unter die Erde zu verbannen. So löste Porta Susa den Bahnhof Porta Nuova als Turiner Hauptbahnhof ab. Den Tunnelbahnhof überdacht eine 300 Meter lange und 19 Meter hohe Stahl- und Glaskonstruktion. | picture alliance/robertharding

Rom – Italien

Der Durchgangsbahnhof Roma Tiburtina ist nach dem Hauptbahnhof Roma Termini der zweitgrößte Bahnhof Roms. Er liegt im nordöstlichen Bereich der italienischen Hauptstadt und weist beachtliche 20 Bahnsteiggleise auf. Seine Ursprünge gehen auf das jahre 1866 zurück. Immer wieder wurde er ausgebaut und modernisiert. Eine Besonderheit das Bahnhofs ist das neue, 2011 eingeweihte Empfangsgebäude, das in diagonaler Hochlage die gesamten Gleisanlagen überbrückt. Das Gebäude hat eine Länge von rund 300 Metern und liegt rund neun Meter über dem Gleiskörper. Die Brücke verbindet zudem die Stadtviertel Nomentano und Pietralata, die bisher durch die Bahn getrennt waren. Im Inneren befinden sich Fahrkartenschalter, Warteräume, Ladengeschäfte und sonstige Einrichtungen für die Reisenden, die zum Teil in auf halber Hallenhöhe aufgehängten Kojen untergebracht sind. Die Außenfassade ist mit Glas verkleidet. | picture alliance/dpa

Lanusei – Italien

Der Bahnhof Lanusei liegt an der sardinischen Schmalspurbahn (950 mm Spurweite) von Mandas nach Arbatax, die heute in erster Linie touristischen Zwecken dient und nur im Sommer vom „Trenino Verde" im Reisezugverkehr befahren wird – derzeit ruht aus technischen Gründen der Bahnbetrieb allerdings. Der Bahnhof liegt 554 Meter über Seehöhe und ist eine typischer Landstation, die einst dem Berufsverkehr der 5.000-Seelen-Gemeinde vor allem in Richtung Arbatax diente. Der formschöne Triebwagen gehört zur Reihe ADe. | picture alliance/imageBROKER

Palermo – Italien

Über einen prachtvollen Kopfbahnhof verfügt die sizilianische Hauptbahnhof Palermo mit ihrem Hauptbahnhof (Stazione di Palermo Centrale). 1886 eröffnet, weiß das Empfangsgebäude neoklassizistisch zu prunken. Damit weist der Bahnhof bereits auf die vielen architektonischen Schmuckstücke aus verschiedensten Epochen und in verschiedensten Stilen hin, die diese so lange vom Mafiaunwesen überschattete lebendige Stadt trotz der Zerstörungen im Zweiten Weltkrieg zu bieten hat. An fünf überdachten Bahnsteigen stehen den Reisenden zehn Ankunfts- und Abfahrtsgleise zur Verfügung. Der Bahnhof wird von der staatlichen Rete Ferroviaria Italiana betrieben und ist Ausgangspunkt der Strecken Palermo – Agrigent/Porto Empedocle und nach Trapani. Er ist zudem ein wichtiger Knotenpunkt der Vorortsbahn Servizio ferroviario metropolitano di Palermo. | picture alliance/ZB/euroluftbild.de

Kalamata – Griechenland

Das einst umfangreiche Meterspurnetz auf dem Peleponnes in Griechenland ist heute weitgehend stillgelegt bzw. in Teilen in Umspurung auf Normalspur begriffen. Der einstige Endbahnhof Kalamata (der letzte Zug fuhr im Jahr 2010) dient heute als Eisenbahnpark, in dem typische Fahrzeuge der Bahnvergangenheit gezeigt werden. Auf dem Foto zu sehen sind unter anderem eine Tender-Dampflok mit zweiachsigen Personenwagen sowie ein an den deutschen SVT erinnernden Schnelltriebwagen, der einst in flottem Tempo auf dem Peleponnes unterwegs war. | Pit Stock/Shutterstock.com

Olympia – Griechenland

Die Ruinen des antiken Olympia liegen in einer Ebene am Fuß des Kronos-Hügels am Ufer des Flusses Kladeos kurz vor dessen Mündung in den Alfios auf dem Peleponnes. Der Bahnhof Olympia in seinem leicht antikisierenden Gewand ist Endpunkt einer 33 Kilometer langen Strecke von Katakolon, einem beliebten Zwischenstopp für Kreuzfahrtschiffe. So sind es in erster Linie Kreuzfahrer, die den Meterspur-Triebwagen nach Olympia benutzen. | picture-alliance/ASA

Im Jahre 1869 fuhr zwischen Athen und Piräus der erste Zug in Griechenland. Vor allem dem städtischen Nahverkehr dienend, existiert diese Verbindung noch heute als teil des Athener U-Bahn-Netzes. Im Gegensatz zu anderen europäischen Ländern nimmt die Bahn in Griechenland als Verkehrsmittel nur eine Nischenrolle ein. Von Bedeutung ist nur die Hauptstrecke von Idomeni über Thessaloniki nach Athen, über die jahrelang Namenszüge wie der Hellas-Express von Dortmund oder der Akropolis-Express von München rollten. Mittlerweile ist diese Magistrale zweigleisig ausgebaut und elektrifiziert, Reisende aus Mitteleuropa bevorzugen aber längst das Flugzeug. Ein echtes Eisenbahnnetz gab es nur auf der Halbinsel Peleponnes, wo zahlreiche Meterspurstrecken das Land gut erschlossen – selbst Fernzüge mit Schlaf- und Speisewagen waren hier zu beobachten. Heute ist dieses Netz weitgehend stillgelegt bzw. befindet sich in Umspurung auf Normalspur – EU-Fördergelder lassen grüßen. Im Jahre 2017 kam das Ende der griechischen Staatsbahn OSE, als das Bahnnetz an die FS Italia verkauft wurde, lediglich der Fahrzeugpark blieb in griechischer Hand. Durch die Modernisierung in den letzten Jahren entstanden zahlreiche neue Verkehrsstationen, die sich in erster Linie durch Funktionalität auszeichnen.

ONCF
l'accessibilité

AFRIKA – KONTINENT DER GEGENSÄTZE

Das Eisenbahnwesen in den Maghreb-Staaten Algerien, Marokko und Tunesien ist noch stark von der einstigen Kolonialmacht Frankreich geprägt, obwohl die drei Staaten schon vor über 50 Jahre ihre Selbstständigkeit errangen. So wird der Betrieb – anders als beispielsweise in Südafrika – in erster Linie auf normalspurigen Gleisen abgewickelt, sieht man von dem großen Meterspurnetz im Süden Tunesiens ab. Das Rollmaterial stammt zum Teil aus Frankreich, etwa die marokkanischen TGV-Züge, aber auch aus den USA und Kanada. Reisezugverkehr wird weitgehend in modernen, klimatisierten Wagen durchgeführt; Güterzüge dienen in erster Linie dem Abtransport von Bodenschätzen. Auf eine lange Geschichte kann auch die Eisenbahn in Ägypten zurückblicken: Als erste Eisenbahnstrecke im Nahen Osten und Afrika konnte zwischen 1854 und 1865 die Strecke zwischen Kairo und Alexandria in Betrieb genommen, geplant und gebaut vom berühmten Robert Stephenson aus England. Auch heute noch wirken Teile der Eisenbahninfrastruktur in Ägypten »quite british«– kein Wunder, stand das Land doch von 1882 bis 1922 unter britischer Herrschaft, bis es 1936 seine volle Souveränität erhielt. 2005 betrieb die halbstaatliche Eisenbahnorganisation ENR insgesamt 5.063 Kilometer Schienenstrecken in europäischer Normalspur. Der Großteil des Netzes verbindet den dicht besiedelten Bereich des Nildeltas mit den Zentren Kairo und Alexandria. Die Verbindung Alexandria – Kairo – Luxor – Assuan wird täglich mit klimatisierten Schlafwagenzügen unter der Marke Abela betrieben, diese Züge sind besonders für Touristen gedacht. Ein komfortabler Schnellzug verbindet zudem den Ramses-Bahnhof in Kairo mit Marsa Matruh (nahe der libyschen Grenze). Neue Zeiten werden um 2025 anbrechen, wenn eine neue Hochgeschwindigkeitsstrecke von Alexandria nach Assuan in Betrieb gehen soll. Alle Bahnen Nordafrikas haben sich schon vor mehr als 50 Jahren von den letzten Dampfloks verabschiedet und sie durch Diesel- und Elloks sowie Triebwagenzüge ersetzt.

Marrakesch – Marokko

Über ein relativ modernes Eisenbahnsystem verfügt Marokko, wobei die Einflüsse der früheren Kolonialmacht Frankreich noch heute deutlich sichtbar sind. Seit 1963 wird der Betrieb von der Staatsbahn ONCF (Office National des Chemins de Fer) durchgeführt. Das Rückgrat des Eisenbahnnetzes mit 2110 Kilometer Streckenlänge und 133 Bahnhöfen bildet die Strecke von Oujda an der algerischen Grenze über Fès und Casablanca nach Marrakesch, von der mehrere Stichbahnen abzweigen. Knapp 1600 Kilometer der Strecken sind elektrifiziert, weitere Ausbauten befinden sich im Bau oder sind in Planung. Diese Aufnahme gewährt uns einen Blick über den neuen Bahnhof in Marrakesch mit ankommenden Fahrgästen. Dieser entstand 2008 in unmittelbarer Nähe der alten Station aus dem Jahr 1923. | picture-alliance/ dpa

Algier – Algerien

Der Schienenverkehr wurde in Algerien von einer Vielzahl privater Bahngesellschaften begründet und noch während der französischen Kolonialherrschaft weitgehend verstaatlicht. Heute werden die Eisenbahnen als Staatsbahn betrieben und in Algier entstehen ein Straßenbahn- und ein U-Bahn-Netz. Unmittelbar am Hafen und von diesem nur durch eine Straße getrennt, liegt der Bahnhof Algier, hier am 25. März 2019 mit einem modernen elektrischen Triebzug, einem Stadler Flirt, der seit 2009 im S-Bahn-Netz von Algier eingesetzt wird. Das Empfangsgebäude stammt noch aus der Kolonialzeit, gleiches gilt für die große Bahnhofshalle. | picture alliance / Johannes Glöckner

Oran – Algerien

Im orientalisierenden Baustil gehalten ist das Bahnhofsgebäude der algerischen Stadt Oran, das zu Kolonialzeiten von den Franzosen erbaut wurde, als Architekt zeichnet der 1939 verstorbene Franzose Albert Ballu verantwortlich, der in Oran auch noch die Kathedrale Sacré-Cœur entwarf. Bautechnisch interessant ist, dass in beiden Gebäuden trotz historisierenden Optik der moderne Baustoff Stahlbeton verwendet wurde. Der Kopfbahnhof von Oran ist Endpunkt einer Stichbahn, die in Qued Anschluss an die Hauptstrecke Algier – Sidi bel Abbes bietet. | picture alliance / robertharding

El Alamein – Ägypten

Außenansicht des Bahnhofs in El Alamein, aufgenommen am 10. Januar 2014. Dieser alte, heute verfallene Bahnhof an der Linie Alexandria – Marsa Matruh erlangte dadurch Bekanntheit, dass bereits kurz nach den Schlachten zwischen den allierten Truppen und den Einheiten der Achsenmächte die Gefallenen beider Seiten durch britische Umbettungskommandos zu einer vorübergehenden Ruhestätte in seiner Nähe verbracht wurden. Derzeit wird über einen Streckenneubau El Alamein – Ain Sukhna nachgedacht.
| Matthias Tödt picture alliance / ZB

Alexandria – Ägypten

Reges Treiben vor dem Hauptbahnhof der ägyptischen Fünf-Millionen-Einwohner-Metropole Alexandria. An das prachtvolle Empfangsgebäude des Kopfbahnhofs schließt sich eine weitgehend verglaste Bahnhofshalle an. Die Ägyptischen Staatsbahnen stellen das Rückgrat des Personenverkehrs in Ägypten dar und befördern etwa 800 Millionen Fahrgäste jährlich. Klimatisierte Züge bieten meist erste und zweite Klasse an. In nicht klimatisierten Zügen sind zweite und dritte Klasse üblich. Die Verbindung Alexandria – Kairo –Luxor – Assuan wird täglich mit klimatisierten Schlafwagenzügen unter der Marke Abela betrieben. Diese Züge sind besonders für Touristen gedacht.
| picture-alliance/Herve Champollion/akg-images

Nouadhibou – Mauretanien

Die Bahnstrecke Nouadhibou – M'Haoudat ist die einzige Bahnstrecke Mauretaniens. Sie verbindet die Eisenerzbergwerke bei Zouérat mit der Hafenstadt Nouadhibou am Atlantik. Die zunächst 652 Kilometer lange Strecke wurde ab 1957 in Normalspur von dem damaligen Betreiber der Eisenerzbergwerke, der Société Anonyme des Mines de fer da la Mauritanie, zwischen dem Atlantik-Hafen Nouadhibou und den Erzbergwerken von Choum und Zouérat errichtet und im Juni 1963 in Betrieb genommen. Später kam eine rund 70 Kilometer lange Stichstrecke, die vom Bahnhof F'dérik abzweigt, zum Bergwerk M'Haoudat hinzu. In den langen Erzzügen mit teils bis zu fünf schweren Dieselloks werden teilweise auch gebraucht aus Europa übernommene Reisezugwagen mitgeführt. Zugestiegen wird an Bahnhöfen ohne Gebäude, wie hier im Endbahnhof Zouérate. Seit 1999 gibt es bescheidenen Touristenverkehr unter dem Namen Train du désert, hierfür werden ein Schlaf- und ein Doppelstockwagen vorgehalten.
| Picture-alliance / Godong

du Désert

Der jahrzehntelange Niedergang der Eisenbahn in den östlichen Ländern Afrikas geht zu Ende. Zwar wurden viele Strecken stillgelegt oder der Personenverkehr für immer eingestellt, aber chinesische Investitionen sorgen für eine Renaissance der Schiene. So wurden in Äthiopien und Tansania Neubaustrecken eröffnet, die mit modernem Rollmaterial – natürlich auch aus der Volksrepublik China stammend – angenehmes und vor allem relativ schnelles Reisen ermöglicht. Auch in Kenia zeichnet sich ein Comeback der Eisenbahn ab, wobei hier die Zukunft auf normalspurigen Strecken liegt – die klassische Kapspur (1.076 mm) hat nahezu ausgedient. In Mauretanien wird noch weitgehend auf Kapspurgleisen gefahren, Erwähnung verdient aber eine mehr als 700 Kilometer lange Erzbahn in Normalspur, auf der bis zu 10.000 Tonnen schwere Güterzüge von sechsachsigen EMD-Diesellokomotiven aus den USA in Mehrfachtraktion gefahren werden. Bahnhöfe gibt es hier übrigens nicht, obwohl die Bevölkerung kostenfrei auf den Güterwagen mitfahren darf.

Addis Abeba – Äthiopien

Der neue Bahnhof von Addis Abeba am 10. August 2017 mit einem in China gebauten Reisezug. Die äthiopische Hauptstadt Addis Abeba wird mit einer 2016 eröffneten Neubaustrecke in Normalspur mit der Hafenstadt Dschibuti verbunden, die mit finanzieller Unterstützung von China erbaut wurde und mit einer Geschwindigkeit von bis zu 160 km/h befahren wird. Die Strecke verläuft in Abschnitten parallel zur aufgelassenen, zwischen 1894 und 1917 errichteten Meterspurstrecke auf einer neuen Trasse, nutzt keine Infrastruktur der historischen Strecke und ist knapp 30 Kilometer kürzer als diese. Für den Reiseverkehr wurde als Hauptbahnhof in Addis Abeba der Bahnhof Addis Abeba Lebu im gleichnamigen, südwestlich vom Stadtkern gelegenen Vorort errichtet. Die Gestaltung des im September 2015 fertig gestellten dreistöckigen Empfangsgebäudes soll Bezug auf das kulturelle Erbe der Oromo nehmen. | picture alliance/Johannes Glöckner

056
051
Ethiopian Railways

Mombasa – Kenia

Der neue Bahnhof Mombasa Terminus, aufgenommen am 11. August 2017 ähnelt einem Flughafen-Terminal. Die 472 Kilometer lange Normalspurstrecke nach Nairobi wurde von China gebaut und Ende Mai 2017 eröffnet. Die voll klimatisierten Züge fahren mit zwei Diesellokomotiven und Generatorwagen. Auch alle Fahrzeuge wurden in China gebaut. Personenzüge verkehren zweimal täglich in beiden Richtungen als Madaraka-Express mit einem Zwischenhalt zur Zugkreuzung in Mtito Andei. Sie bieten Sitzplätze in Wagen der ersten und zweiten Klasse. Die planmäßigen Fahrzeiten für die gesamte Strecke liegen zwischen 4:50 und 6:07 Stunden. Die Schnellzüge boten anfangs ungefähr 1200 Sitzplätze, wenige Wochen später konnten sie 1500 Reisende nutzen. | picture alliance/ Johannes Glöckner

3
Exit
Kutoka
2
Exit
Kutoka
MOMBASA TERMINUS
1
Exit
MOMBASA TERMINUS

Moshi – Tansania

Ein einsamer Güterwagen erinnerte im Januar 2017 an den Eisenbahnverkehr im Bahnhuf Moshi in Tansania, dem einstigen Deutsch-Ostafrika. 1891 wurde eine Eisenbahngesellschaft mit dem Ziel gegründet, den Hafen Tanga am Indischen Ozean über den Fuß der Usambara-Berge mit dem Viktoriasee zu verbinden. Zwei Jahre später begann der Bahnbau, und 1911 erreichte der Schienenstrang Moschi, der Bau der meterspurigen Usambarabahn war vorerst abgeschlossen. Nach dem Ersten Weltkrieg ergänzte die britische Mandatsverwaltung die Usambarabahn um eine Verbindung zwischen Moshi und Voi an der Uganda-Bahn der Kenya and Uganda Railways in Kenia und verlängerte sie 1929 bis zu ihrem heutigen Endpunkt Arusha. | Sergey-73/Shutterstock.com

Moshi – Tansania

Die Bahnanlagen von Moshi im Jahre 2017 nach der vorläufigen Einstellung des gesamten Bahnverkehrs. Im Juni 2018 wurde nach einer Weisung des Präsidenten Magufuli mit der Instandsetzung der Strecke begonnen. Im Oktober 2018 war zwischen Tanga und Mombo Zugverkehr wieder möglich. Am 20. Juli 2019 wurde durch Premierminister Kassim Majaliwa die Güterverkehr zwischen Tanga und Moshi wiedereröffnet. Erster Zug war ein 800-Tonnen-Zementzug. Der Zementtransport sei billiger und angesichts der schlechteren Straßen zuverlässiger. Der erste durchgehende Personenzug von Daressalam nach Moshi verkehrte am 7. Dezember 2019. Die Wiederaufnahme des Verkehrs nach Arusha ist vorgesehen. | Sergey-73/Shutterstock.com

Auch in Westafrika, wie den Staaten der Westafrikanische Wirtschafts- und Währungsunion (WAEMU = Benin, Burkina Faso, Elfenbeinküste, Mali, Niger, Senegal, Togo, Guinea-Bissau), der G5-Sahelzone (Mauretanien, Mali, Niger, Burkina Faso, Tschad) und Nigeria soll die Eisenbahn wieder mehr Verkehrsanteile übernehmen. Und auch hier sollen es chinesische Investitionen richten; China hat bereits 2015 angekündigt, bis zu 600 Milliarden US-Dollar für ein leistungsfähiges Eisenbahnnetz zur Verfügung zu stellen. Die westafrikanischen Staaten sehen vor allem zwei Eisenbahnprojekte als vordringlich an: Die Eisenbahnschleife Abidjan – Ouagadougou – Niamey – Cotonou und die Trans-Sahel-Bahn Nouakchott – Bamako – Ouagadougou – Niamey – N'Djamena.

Dimbokro – Elfenbeinküste

Der Bahnhof des Eisenbahnunternehmens Sitarail liegt an der internationalen Bahnlinie Abidjan – Ouagadougou. Der Bahnhof verfügt über ein modernes Bahnhofsgebäude mit einer Wartehalle mit Ticketschalter und Gepäckabfertigung und über drei Bahnsteiggleise sowie ein nur vom Güterverkehr genutzte Gleis. Neben dem Güter- dient der Bahnhof auch dem Reisezugverkehr. So halten dreimal wöchentlich (Dienstag, Donnerstag, Samstag) die Züge nach Ouagadougou, Burkina Faso, und ebenfalls dreimal wöchentlich (Mittwoch, Freitag, die Gegenzüge nach Abidjan. Die Züge bieten die erste und die zweite. Wagenklasse an. Sie werden teilweise als »train express« mit weniger Zwischenhalten angeboten. | Gregor Rom CC BY-SA 4.0

DIMBOKRO

Beira – Mosambik

Den Charme der 1960er-Jahre versprüht das 1966 errichtete Empfangsgebäude des Bahnhofs Beira in Mosambik. Das Eisenbahnnetz um Beira ist in Kapspur ausgeführt und in den letzten Jahren modernisiert worden. Dennoch ist der Personenverkehr recht spärlich: Einmal pro Woche verkehrt ein Zugpaar zwischen Beira und Marromeu, ein weiteres Zugpaar verkehrt pro Woche zwischen Beira und Moatize. Das Bahnhofsgebäude besteht aus zwei Teilen, dem Bürogebäude und der Eingangshalle zum Bahnhof. Die eingeschossige, 57 Meter hohe Halle wird durch ein großes Bogendach mit sieben Streben überspannt, zehn doppeltürige Zugänge bilden den Eingang zum Bahnhof. Oberhalb der überdachten Halle thront das siebenstöckige Bürogebäude, dessen zahlreiche vertikale Sonnenschutzelemente auffallen. Der Entwurf der drei Architekten entspricht einem sehr modernen, sachlichen Stil.
| picture alliance/africamediaonline

Die südafrikanischen Länder wie Namibia, Zimbabwe und Südafrika selbst können auf eine lange Eisenbahntradition zurückblicken, vor allem bedingt durch Aktivitäten der einstigen Kolonialmächte. In Südafrika begann die Eisenbahnära schon 1860 in Durban, heute weist das Netz eine Länge von rund 20.000 Kilometern auf, wovon rund 95 Prozen in der typischen Kapspur ausgeführt sind – eine englische Erfindung mit einem Innenmaß-Abstand der Schienenköpfe von 3 ½ englischen Fuß. Große Bedeutung hat die Bahn heute vor allem für den Güterverkehr. Zudem gibt es in Südafrika ein leistungsfähiges Nahverkehrsnetz, das zum großen Teil elektrifiziert und in Einzelfällen in Normalspur ausgeführt ist. Südafrika galt lange Zeit als Dampflokparadies, daran erinnern zahlreiche Maschinen, die teilweise sogar betriebsfähig vorgehalten werden und vor Sonderzügen eingesetzt werden. Weiterhin gibt es für Touristen ausgelegte Luxuszüge den Blue Train und den Pride of Africa. Der längste Laufweg des Pride of Africa, der als luxuriösester Zug der Welt gilt, ist Kapstadt – Daressalam.

Maputo – Mosambik

Der Bahnhof von Maputo, auf Portugiesisch meist Estação do Caminho de Ferro de Maputo oder kurz CFM, ist der Hauptbahnhof der mosambikanischen Hauptstadt. Er befindet sich am Praça dos Trabalhadores im Stadtviertel der Baixa. Das Gebäude des Kopfbahnhofes ist zwischen 1908 und 1910 nach Plänen der Architekten Alfredo Augusto Lisboa de Lima, Mário Veiga und Ferreira da Costa errichtet worden. Es gibt täglichen, von der staatlichen Eisenbahngesellschaft CFM betriebenen Reisezugverkehr vom Bahnhof aus. Auf den drei bedienten Strecken (Linha de Goba, Linha de Ressano Garcia und Linha de Limpopo) findet jedoch nur Einzelzugverkehr ohne regulären Taktfahrplan statt. Die am häufigsten angebotenen Zugverbindungen gehen in die beiden Vororte Matola und Marracuene. | picture alliance/Design Pics

Garub – Namibia

Der verlassene Bahnhof von Garub in Namibia: Garub ist eine Quelle, ein Bahnhof und eine Geisterstadt in der Region Karas im Süden Namibias. Der kleine Ort Garub wurde von der Deutschen Schutztruppe beim gleichnamigen Bahnhof gegründet, der zwischen Lüderitz und Aus an der Bahnstrecke Lüderitz – Seeheim liegt. Dieser trug wiederum den Namen der ergiebigen Quellen in der Namib, die genutzt wurden, um die Wasservorräte der Dampflokomotiven aufzufüllen. Im Gegensatz zu dem bestehenden 600-mm-Netz im nördlichen Deutsch-Südwestafrika fiel für die Strecke Lüderitz – Garub - Aus die Wahl der Spurweite auf die des benachbarten Südafrika, nämlich die Kapspur von 1.067 mm. Mit Bau und Betrieb beauftragt war die Deutsche Kolonial-Eisenbahn-Bau- und Betriebsgesellschaft (DKEBBG). Der Bau begann Ende 1905 und bereits am 1. November 1906 wurde der Betrieb bis Aus aufgenommen. Die Baufirma erstellte das Planum, der Oberbau wurde vom Eisenbahnbataillon der Schutztruppe verlegt. Zwischenzeitlich ohne Zugverkehr, wurde die Lüderitzbahn zwischen 2001 und 2014 gründlich saniert, durch Sandverwehungen war aber kein planmäßiger Zugbetrieb möglich. Erst seit 2019 wird die Strecke wieder regelmäßig befahren, nachdem ein Teil der Strecke sandgeschützt in einen Tunnel verlegt worden war. Rechts der Strecke sind im Hintergrund die aufgeständerten stählernen Wassertanks zu erkennen, an denen einst die Dampfloks ihren Durst löschten. | Nick Fox / Shutterstock

Bloemfontein – Südafrika

Blick auf die Bloemfontein Railway Station in Südafrika mit dem Bophelo House im Hintergrund. Im Bophelo House hat u.a. das Free State Department of Health seinen Hauptsitz. Bloemfontein ist ein Bahnknoten im Free State und weist einen großen Durchgangsbahnhof mit breiten Bahnsteigüberdachungen auf. Deutlich sichtbar sind auch die brückenartig angelegten Bahnsteigzugänge. Seit 1890 ist die Stadt durch eine Eisenbahnstrecke mit Kapstadt verbunden. Eine weitere Bahnstrecke führt nordwärts nach Johannesburg. Auf der Strecke nach Bethlehem verkehren nur noch Güterzüge. | picture alliance/ZB/euroluftbild.de

Johannesburg – Südafrika

Während sich im Hintergrund die Skyline von Johannesburg erhebt, ist im Vordergrund die Reisezugwagen-Abstellgruppe von Metrorail Gauteng zu sehen. Diese Gesellschaft betreibt den größten Teil des schienengebundenen Nahverkehrs. Mit den Nahverkehrszügen von Gauteng hat man Anschluss nach Carletonville, Randfontein und Soweto im Westen, sowie Springs, Nigel und Daveyton im Osten. Pretoria ist das nördliche Ziel, südlich hat man Verbindung nach Vereeniging.
| picture alliance/imageBROKER

Muizenberg – Südafrika

Ein architektonisches Kleinod stellt der Bahnhof in Muizenberg, gelegen in der südafrikanischen Provinz Westkap, dar. Das neoklassizistische Gebäude gilt das als aufwendigst gestaltete an der gesamten Bahnstrecke und als besonderes Beispiel des Zeitalter Eduards VII. Es steht seit dem 2. Oktober 1981 unter Denkmalschutz der South African Heritage Resources Agency. Der Bahnhof liegt an der elektrisch betriebenen Southern Line (auch Simonstown Line), die Kapstadt mit Simon's Town verbindet. Man erreicht mit den Personenzügen touristische Attraktionen südlich von Kapstadt wie Muizenberg, Kalk Bay, Fish Hoek und Simon's Town. Ab Muizenberg verläuft die Strecke entlang der Küste der False Bay.
| picture alliance/imageBROKER

Pretoria – Südafrika

Rovos Rail ist die Eisenbahnsparte des südafrikanischen Unternehmens Rovos Rail Tours Ltd., das Luxuszüge auf dem Kapspur-Netz des südlichen Afrikas betreibt. »Heimatbahnhof« ist das ehemalige Bahnbetriebswerk Capital Park Station im Norden von Pretoria. Capital Park Station war einst ein Verkehrsknotenpunkt, dessen backsteinerner Art-Deco-Bahnhof liebevoll und aufwendig restauriert wurde und ein passendes Ambiete für die Rovos Rail-Züge bietet. Neben etwa 60 Eisenbahnwagen besitzt das Unternehmen auch vier eigene Dampflokomotiven. Gegründet wurde Rovos Rail 1989 von Rohan Vos. Rovos Rail fährt nach einem Jahresfahrplan auf verschiedenen Strecken in Südafrika und darüber hinaus. Die Züge werden aus umgebauten historischen, luxussanierten südafrikanischen Reisezugwagen gebildet, die höchsten Komfort für die Fahrgäste bieten. | Africanstar/Shutterstock

Durban – Südafrika

Durban, früher Port Natal, ist eine Großstadt am Indischen Ozean an der Ostküste Südafrikas. Das Luftbild zeigt die Stadt im Hintergrund, während sich vorne das 56.000 Plätze bietende Moses-Mabhida-Stadion erhebt, das zur Fußball-Weltmeisterschaft 2010 erbaut wurde. Mit seinem markanten begehbaren Mittelbogen ist es ein neues Wahrzeichen in Küstennähe. Rechts davon die umfangreichen Gleisanlagen des Hauptbahnhofs Durban. Fernverkehr bietet Transnet an, während für den sehr umfangreichen Nahverkehr Metrorail Durban zuständig ist | Shutterstock.com/michaeljung

Manakara – Madagaskar

Eisenbahn auf Madagaskar: Der im alten französischen Kolonialstil gehaltene Bahnhof von Manakara ist Endpunkt einer 162 Kilometer langen Meterspurstrecke von Fianarantsoa. Am 14. April 2919 stand der von einer Diesellok gezogene Personenzug im goldenen Morgenlicht, als Reisende den Zug bestiegen und letztes Gepäck verladen wurde. Die Fahrgäste haben eine interessante Reise vor sich, sind doch nicht nur 67 Brücken zu überqueren, sondern auch die Start- und Ladebahn eine Flugplatzes! | Frank Herben/ Shutterstock. com

ASIEN UND NAHER OSTEN – DIE RIESIGE VIELFALT

Die staatliche Eisenbahngesellschaft TCDD ist aus der Verstaatlichung privater Eisenbahngesellschaften durch die Republik Türkei in den Jahren 1921–1953 hervorgegangen. In Izmir begann 1860 das Eisenbahnzeitalter in der heutigen Türkei mit dem Bau einer Strecke nach Aydin. In den folgenden Jahren wurde das Normalspurnetz ständig ausgebaut und die Großstädte mittels Schienenstrang verbunden. Bis 1950 wurde das Bahnnetz weiter ausgebaut, wobei sich der Verkehr gerade auf Nebenstrecken bis heute manchmal auf nur ein tägliches Zugpaar beschränkt. Durch den Bau des Marmaray-Tunnels konnte 2013 das europäische TCDD-Netz mit den Strecken in Anatolien verbunden werden – die Bahn verbindet damit heute die Kontinente Europa und Asien. Durch den Bau von Hochgeschwindigkeitsstrecken hat die Eisenbahn in der Türkei heute wieder einen höheren Stellenwert als noch zur Zeit der Jahrtausendwende.

Istanbul – Türkei

Drohnenaufnahme des Istanbuler Bahnhofs Haydarpaşa samt näherer Umgebung aus dem Jahre 2016. Der Kopfbahnhof liegt auf der asiatischen Seite des Bosporus, innerhalb des Hafengeländes Haydarpaşa. Nördlich des Personenbahnhofes befindet sich der kombinierte Güter- und Hafenbahnhof. Der Bahnhof wurde durch die Firma Philipp Holzmann errichtet. Die Pläne für das Empfangsgebäude stammen von den deutschen Architekten Otto Ritter von Kühlmann und Hellmuth Cuno. Der Bahnhof war Ausgangspunkt der Anatolischen Eisenbahn, von der die Bagdadbahn dann später abzweigte. Mit dem Bau wurde am 30. Mai 1906 begonnen. Sämtliche Fenster der Bahnhofshalle gestaltete Otto Linnemann aus Frankfurt am Main. Die Eröffnung erfolgte am 19. August 1908. Im Bahnhof Haydarpaşa begannen die türkischen Bahnlinien in Richtung Anatolien, Iran, Irak und Syrien. Seit 1930 war er Ausgangspunkt des Taurus-Express. Anfang Februar 2012 wurde der Fernverkehr zum Bahnhof Haydarpaşa eingestellt. Im Zusammenhang mit dem Marmaray-Projekt, einer Untertunnelung des Bosporus, verlor der Bahnhof ab 2014 auch seine Funktion als Endpunkt der auf der Anatolischen Eisenbahn verkehrenden S-Bahn in die östlichen Vororte Istanbuls. Mittlerweile wird der Bahnhof im Fernverkehr wieder angefahren, Planungen, ihn zu einem Einkaufszentrum umzubauen, scheinen vom Tisch zu sein. | Sahan Nuhoglu/Shutterstock.com

Istanbul – Türkei

Der Bahnhof Istanbul Sirkeci ist ein Bahnhof der Türkischen Staatsbahn (TCDD) in Sirkeci, einem Stadtviertel im europäischen Teil Istanbuls. Internationale, inländische und regionale Züge verkehren westwärts ab diesem Bahnhof. Dieser Kopfbahnhof gelangte vor allem als Endstation des Orient-Express zu Berühmtheit. Der Kopfbahnhof, ursprünglich als Müşir-Ahmet-Paşa-Bahnhof bezeichnet, wurde am 3. November 1890 eröffnet und ersetzte gleichzeitig den temporären Bahnhof aus dem Jahre 1873. Der Architekt des Projektes war August Jasmund, ein preußischer Baubeamter, der von der Regierung nach Istanbul entsandt wurde, um die osmanische Architektur zu studieren. Der Bau des Bahnhofskomplexes auf einer Fläche von 1200 Quadratmeter ist eines der größten Beispiele des europäischen Orientalismus, der wiederum auch die Entwürfe anderer Architekten beeinflusste. Das Gebäude galt damals aufgrund seiner Gasbeleuchtung und Winterbeheizung als äußerst modern. Das Gebäude ist weitgehend im Originalzustand erhalten. Im Zusammenhang mit dem Marmaray-Projekt, einem Eisenbahntunnel zwischen Europa und Asien, wurde 2013 unter dem bestehenden Bahnhof ein Tiefbahnhof angelegt. | Lepneva Irina/Shutterstock.com

Israel Railways entstand 1948 aus den in Israel liegenden Teilen der normalspurigen Palestine Railways (PR), der durch das britische Militär mit US-amerikanischer Hilfe während des Zweiten Weltkriegs errichteten ebenfalls normalspurigen Bahnstrecke Haifa – Beirut – Tripoli (HBT) und den in Israel verbliebenen Resten der schmalspurigen Hedschasbahn. Doch durch diese Strecken, die nur bedingt mit der Siedlungsstruktur des neuen Staates Israel übereinstimmten, spielte die Eisenbahn in Israel lange Zeit kaum eine Rolle. Seit Ende der 1990er-Jahre wurde das Netz der Bahn allerdings erheblich ausgebaut und erweitert, vor allem auch im Personenverkehr. Heute werden in Israel mehr als 200 Doppelstockwagen eingesetzt, die im Görlitzer Bombardier-Werk gebaut wurden und hinter modernen Dieselloks laufen.

Tel Aviv – Israel

Israel besitzt ein modernes Eisenbahnwesen, das stark von deutschen Fahrzeugen geprägt wird. Die Aufnahme aus dem März 2019 zeigt einen Nahverkehrszug, gebildet aus roten Doppelstockwagen, wie sie fast baugleich auch bei der Deutschen Bahn AG fahren, bei der Einfahrt in den Hauptbahnhof von Tel Aviv. Gezogen wird der Zug von der Vossloh Euro 4000-Diesellok mit der Betriebsnummer 1401. In den letzten dreißig Jahren ist das israelische Eisenbahnnetz deutlich ausgebaut worden, ebenso wurde der Fahrzeugpark erneuert. | Yoav Tabakman/Shutterstock. com

Tel Aviv – Israel

Die alte Bahnhofsanlage von Tel Aviv an der historischen Eisenbahnlinie zwischen Jaffa und Jerusalem wurde in einer über fünfjährigen Restaurierungsphase zu neuem Leben erweckt, allerdings nicht in seiner ursprünglichen Bestimmung, sondern als großzügiges Kultur- und Freizeitareal im Einzugsgebiet der israelischen Mittelmeermetropole. Im Jahr 1900 ließ sich der aus Deutschland kommende Templer Hugo Wieland in der Nähe des Bahnhofs nieder und errichtete eine Ziegelfabrik zur Produktion von Dachpfannen und Mauersteinen. Durch diese Nähe war er in der Lage, seine schweren Produkte kostengünstig bis zum Hafen von Jaffa zu transportieren, um sie in alle Welt zu verschiffen. Die Produktionsgebäude, der Verladebahnhof, die Villa Wieland und das beeindruckende Bahnhofsgebäude von 1880 sind heute Teil des wunderschönen Geländes. | Boyan Georgiev/Shutterstock.com

Shiraz – Iran

Der Bahnhof von Shiraz im Iran hat für den Tourismus einige Bedeutung und ist entsprechend großzügig ausgebaut. Shiraz, auch Schiras geschrieben, ist eine Millionenstadt im Süden des Irans. Der Kopfbahnhof, dessen Empfangsgebäude als das größte des Landes gilt, ist der Endpunkt der Bahnstrecke Badrud – Isfahan – Schiras, die von der iranischen Staatsbahn IRI betrieben wird. | Uskarp/ Shutterstock.com

Shiraz – Iran

Ein Blick in die Empfangshalle des Hauptbahnhofs von Teheran, der iranischen Hauptstadt, mit Ankunfts- und Abfahrtsanzeigen sowie reichlich Propaganda für die derzeitigen Machthaber. Der Bahnhof entstand 1928/29 im Zuge des Baus der Transiranischen Eisenbahn und wurde 1930 eröffnet. 1935 gelang es der Philipp Holzmann AG mit ihrer Schweizer Tochtergesellschaft Sofitec den Auftrag für die Hochbauten des Bahnhofs Teheran, vor allem das Empfangsgebäude, von dem Generalunternehmer der Transiranischen Eisenbahn, der dänischen Firma Kampsax, zu erhalten. Das Empfangsgebäude und zugehörige Nebengebäude des Bahnhofs waren die ersten Stahlbeton-Bauten, die im Iran errichtet wurden. Verkleidet wurde dieses konstruktive Skelett mit verschiedenfarbigem Travertin und geschliffenen Kalksteinplatten. Das Empfangsgebäude ist in dem für öffentliche Gebäude damals weltweit oft verwendeten neoklassizistischen Stil gehalten. | Janos Rautonen/ Shutterstock. com

Der Schienenverkehr im Iran wird in erster Linie von der Eisenbahngesellschaft der Islamischen Republik Iran (RAI) betrieben. Darüber hinaus gibt es private Eisenbahnverkehrsunternehmen sowie lokale Betriebe, die ÖPNV auf der Schiene anbieten. Die Eisenbahn im Iran ist Teil des europäischen Regelspurnetzes und wendet dessen Normen an. Im grenznahen Gebiet zu den nördlichen Nachbarn gibt es zum Anschluss an deren Netze kurze Strecken in russischer Breitspur.Die Spurwechselanlagen zum Übertritt von Fahrzeugen auf die Breitspur befinden sich in den iranischen Grenzbahnhöfen. Bis 2025 soll das Eisenbahnnetz im Iran auf 25.000 Kilometer Länge anwachsen, was durch die fast weltweiten Wirtschaftsanktionen gegen das Land unwahrscheinlich erscheint. So wurden auch der Bau und die Lieferung von Siemens-Diesellokomotiven des Typs Eurorunner weitgehend »geräuschlos« abgewickelt. Dass sich der Ausbau der Bahn gegenüber der Straße durchaus lohnt, belegen zahlen: Zwischen 2013 und 2017 stieg der Anteil der Bahn am gesamten Transportaufkommen von 4,4 auf 12,8 Prozent.

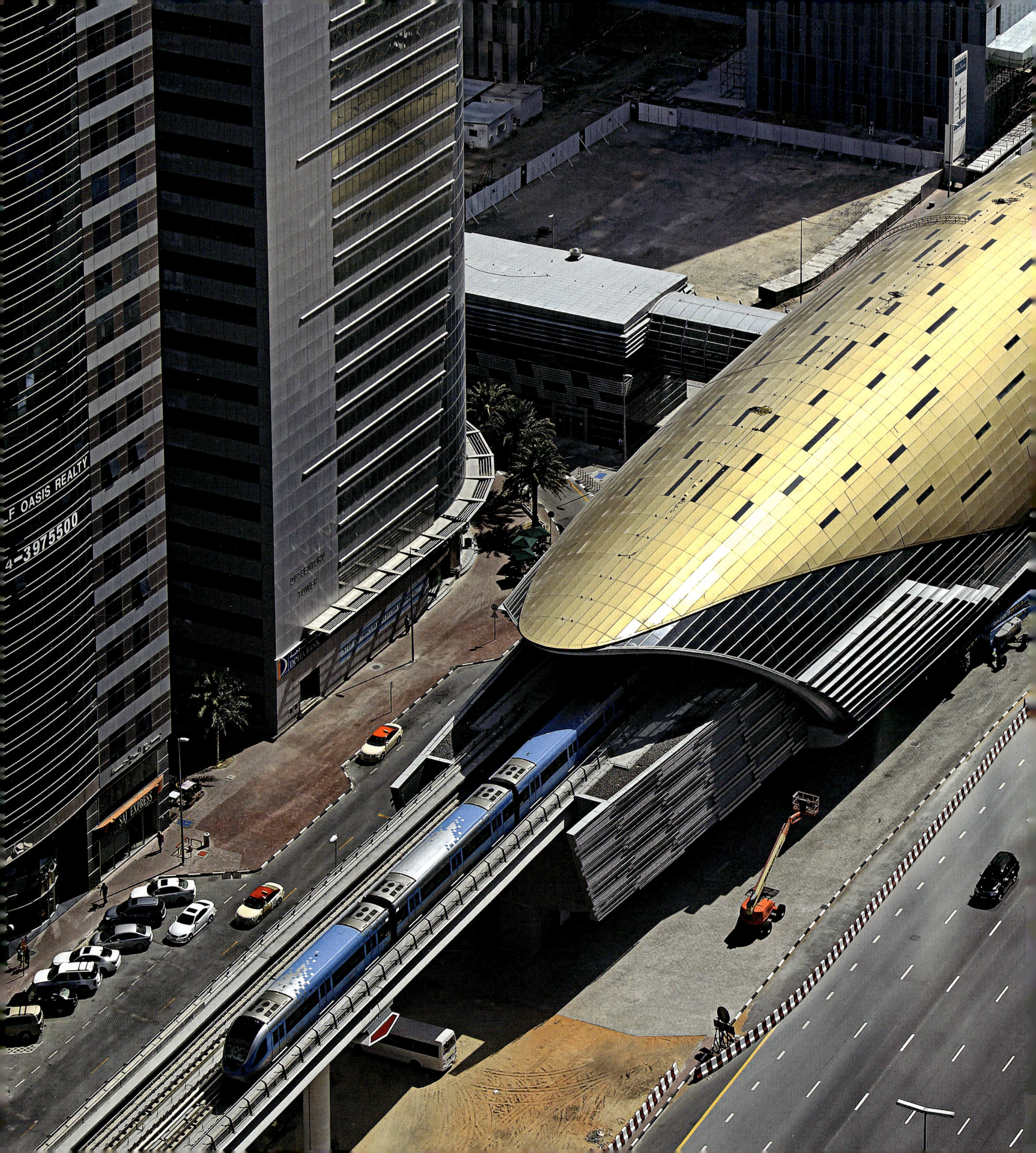
F OASIS REALTY
4-3975500

Dubai ist die größte Stadt der Vereinigten Emiraten und besitzt als einziges Schienenverkehrsmittel die innerhalb vier Jahren gebaute führerlos betriebene Dubai Metro, die im September 2009 teileröffnet wurde. Die Metro verbindet den Dubai International Airport mit der Innenstadt (red line), nach weiterem Ausbau soll eine Anbindung des Dubai World Central International Airport folgen. Die zweite zentral in Deira und Bur Dubai verkehrende Linie (green line) wurde im September 2011 mit 16 neuen Stationen und 23 Streckenkilometern eröffnet. Im Herbst 2010 meldete die Transportbehörde einen Anteil des öffentlichen Verkehrs von elf Prozent des Gesamtverkehrs.

Dubai – Vereinigte Arabische Emirate

Der Bahnhof Financial Centre ist ein hochmodernes Bauwerk an der „red line" der Metro von Dubai. Die Verkehrsstation wurde im jahre 2009 eröffnet und weist zwei Seitenbahnsteige auf, die von einer futuristischen Bahnhofshalle überdeckt werden. Als Metro Dubai wird das U-Bahn-Netz in Dubai bezeichnet. Es ist das vierte U-Bahn-Netz im Nahen Osten, wurde 2009 eröffnet und wird gänzlich fahrerlos auf einem Streckennetz in 1.435-mm-Normalspurweite betrieben. Die 87 Züge der Metro Dubai sind fahrerlose fünfteilige Triebwagen von 85 Meter Länge. Sie wurden von der japanischen Firma Kinki Sharyô geliefert und tragen die Nummern 5001–5087. Die Stromzuführung erfolgt über eine Stromschiene parallel zum Hauptgleis. | Picture alliance / Bildarchiv Monheim

Bukhara – Usbekistan
Seit der Unabhängigkeit von der Sowjetunion im Jahre 1991 wurde das Eisenbahnnetz von Usbekistan gründlich modernisiert und ausgebaut. Auch der Bahnhof von Bukhara erstrahlt mittlerweile wieder im alten Glanz, wie diese Aufnahme aus dem Jahre 2017 beweist. Die Geschichte des Bahnhofs von Buchara geht auf das 19. Jahrhundert n. Chr. zurück, als die Trans-Kaspische-Eisenbahn in Zentralasien gebaut wurde. 1888 führte die Bahnstrecke durch das Dorf Kagan in der Nähe von Buchara. Kurze Zeit danach wurde eine Schmalspurbahn zur Stadt gebaut und später durch die Breitspurbahn ersetzt. Der heutige Bahnhof Bukhara liegt in Kagan, rund zehn Kilometer vom Stadtzentrum entfernt und ist Endbahnhof für die Hochgeschwindigkeitszüge von Taschkent – Samarkand. Im Juli 2011 wurde der erste 250 km/h schnelle Talgo-HGV-Gliederzug aus Spanien beschafft. Zwei weitere kamen im Beschaffungszeitraum 2016 bis 2018 hinzu, zwei weitere sind bestellt. Die Züge verkehren unter der Bezeichnung »Afrosiyob« und erreichen planmäßig 230 km/h. | Julia Drugova/Shutterstock

Das Eisenbahnnetz Usbekistans wurde nach der Unabhängigkeit des Staates 1991 aus dem Bestand der Sowjetischen Eisenbahnen herausgelöst und weist daher im Wesentlichen auch heute noch dessen Parameter auf, insbesondere die Spurweite von 1.520 mm. Am 7. November 1994 wurde die Staatsbahn OTY gegründet. Die Unabhängigkeit Usbekistans bedeutete auch, dass nun die Grenzen zu den Nachbarrepubliken Staatsgrenzen wurden. Die neuen Grenzen zerschnitten Bahnstrecken. Deshalb wurde das Schienennetz seit der Unabhängigkeit um rund 2.500 Kilometer verlängert und weitere 1.170 Kilometer Strecke wurden saniert und ausgebaut, sodass heute bis zu 250 km/h erreicht werden. Die neu gebauten Strecken vermieden nun auch Transitfahrten durch Nachbarstaaten. Rund ein Drittel des rund 7.500 Kilometer langen Streckennetzes ist elektrifiziert. Doch es werden nicht nur Strecken gebaut und Oberleitungsmasten gesetzt: 16 Personenbahnhöfe wurden seit der Unabhängigkeit neu gebaut und 14 grundlegend erneuert, darunter der Südbahnhof der Hauptstadt Taschkent.

Der Rückzug der Kolonialmacht Großbritannien aus Britisch-Indien nach dem Zweiten Weltkrieg führte nicht zu einem unabhängigen Staaten, sondern zu zwei: Pakistan sowie Indien. In Pakistan, damals aus West- und Ostpakistan (heute Bangladesh) bestehend, vereinte die meisten überwiegend muslimisch geprägten Territorien. 1956 rief sich Pakistan schließlich zur ersten islamischen Republik der Welt aus. Das Eisenbahnwesen ist auch heute noch weitgehend von dieser britisch-indischen Vergangenheit geprägt. In den letzten Jahrzehnten wurden die zahlreichen Meterspurstrecken in Pakistan auf Breitspur (1.676 mm) umgenagelt, wodurch auch die letzten planmäßig eingesetzten Dampfloks um 2005 abgestellt werden konnten. Das eher grobmaschige Schienennetz mit einer Länge von rund 8.000 Kilometern konzentriert sich auf die dicht besiedelten Provinzen Punjab und Sindh, während der Südwesten des Landes mit der Hafenstadt Gwadar bislang nicht angeschlossen ist, ferner ist auch der gebirgige Norden nicht auf dem Schienenweg zu erreichen. Die Eisenbahn ist als Verkehrsmittel weniger bedeutend als etwa im Nachbarland Indien.

Karachi – Pakistan

In Pakistan ist die Eisenbahn das Massen-Transportmittel Nummer Eins. Am 6. September 2012 warteten Menschenmengen am Gleis 2 des Cantt-Bahnhofs in Karachi auf die Einfahrt ihres wegen wolkenbruchartiger Regenfälle verspäteten Zuges. Der 1898 eröffnete und mehrfach modernisierte Bahnhof der Hafenstadt weist heute fünf Durchgangsgleise auf und bietet Reisemöglichkeiten in alle Teile des Landes. | picture alliance/PPI Images

Rawalpindi – Pakistan

Alltagsszene aus dem Bahnhof Rawalpindi: Zwei Pakistani sind mit ihren Ziegen unterwegs, die natürlich im Zug mitgenommen werden sollen. Der Bahnhof Rawalpindi ist eine von mehreren wichtigen Haltestellen der Eisenbahnlinie Karachi – Peshawar. Er wurde 1881 eröffnet und verfügt über fünf Bahnsteige. Das pakistanische Eisenbahnnetz ist in Breitspur (1.676 mm) ausgeführt, sämtliche ursprünglich schmalspurig betriebenen Bahnstrecken wurden in den letzten Jahrzehnten entweder auf Breitspur umgespurt oder aber stillgelegt.| Picture alliance/AA

Mumbai – Indien

Der Chhatrapati Shivaji Maharaj Terminus, auch Mumbai CST, bis 1996 als Victoria Terminus bekannt, ist ein Bahnhof der Indian Railways in Mumbai, der im Süden der Stadt liegt. Er zählt zu den größten und geschäftigsten Bahnhöfen der Welt und gehört seit 2004 zum UNESCO-Weltkulturerbe. Der britische Architekt Frederick William Stevens (1847–1900) erhielt im Jahr 1878 den Auftrag, ein Bahnhofsgebäude als westliche Endstation für den Fernverkehr von und nach der Hafenstadt Bombay zu entwerfen. Bei seiner Arbeit für den neuen Bahnhof ließ er sich von der Londoner St.-Pancras-Station inspirieren. Als das Gebäude 1888 fertiggestellt war, galt es als das größte und wichtigste Gebäude Britisch-Indiens. Das Gebäude ist im Stil der viktorianischen Neogotik gehalten; Stilelemente der indo-islamischen Architektur sind – im Gegensatz zu anderen gleichzeitigen oder späteren Repräsentationsbauten in der Kronkolonie – kaum zu erkennen. Die mit einem Stahl- und Glasdach versehenen Bahnsteige sind zwischen 200 und 700 Meter lang. Über dem Haupteingang befindet sich eine ca. 100 Meter hohe, begehbare, achteckige Kuppel, die von einer Rippenkonstruktion getragen wird. Im Innenbereich befinden sich offene Säulengänge. Das Gebäude ist reich mit Steinskulpturen und Reliefs verziert. Auf der Kuppel erhebt sich die Standfigur der Lady of Progress. | Picture alliance/robertharding

Endlos lange Reisezüge, die dennoch völlig überfüllt sind, Reisende, die sich außen am Wagen festhalten oder auf dem Dach oder der Lokomotive mitfahren und von Bettlern und Tagelöhnern belagert Bahnhöfe – diese Assoziationen kommen auf, wenn man an die Eisenbahn in Indien denkt. Die erste Eisenbahn in Indien führte ab 1853 von Bombay ins 33 Kilometer entfernte Thane. Die Spurweite betrug 1.675 mm (5 Fuß 6 Zoll), die später die Bezeichnung indische Breitspur erhielt und für die meisten Fernbahnen auf dem indischen Subkontinent verwendet wird. Diese und weitere Bahnen wurden zuerst von britisch gelenkten Gesellschaften gebaut und betrieben. Das Eisenbahnnetz in Britisch-Indien umfasste etwa 40.000 km Strecken. 1947 musste nach der Selbständigkeit vom Vereinigten Königreich und der Teilung der ehemaligen Kolonialgebiete auf die Staaten Indien und Pakistan auch das Eisenbahnnetz geteilt werden. 1951 wurden die bis dahin existierenden verschiedenen Eisenbahngesellschaften zur heutigen Struktur von Indian Railways zusammengeführt. Heute besitzt Indien nach den USA, China und Russland das viertgrößte Eisenbahnnetz der Welt. Es umfasste im März 2017 mehr als 67.000 Kilometer Streckenlänge, davon waren 61.700 Kilometer Breitspurstrecken, 3.500 Kilometer Meterspurstrecken und 2.200 Kilometer Schmalspurstrecken. Von den Breitspurstrecken waren 22.000 Kilometer zweigleisig ausgebaut und 25.400 Kilometer elektrifiziert, was 38 Prozent des Netzwerks entspricht. Das Netz bedient 7.349 Bahnhöfe, vom einfachen Haltepunkt bis zum grandiosen Kopfbahnhof im Kolonialstil.

Mumbai – Indien

Blick in eine der Bahnhofshallen des Chhatrapati Shivaji Terminus (Victoria Terminus) im indischen Mumbai mit eingefahrenen Nahverkehrszügen. Die Langzeitbelichtung sorgt für die diffuse Darstellung der Pendlerströme, die die Züge gerade verlassen. | picture alliance/robertharding

Neu Delhi – Indien

Bahnsteigszene aus dem indischen Neu Delhi mit einem dienstbaren Verkäufer, der allerlei Dinge wie Chips, Kekse und Wasser anbietet. Bei den recht langen Reisezeiten in Indien kann auf diese Art der Reisenden-Versorgung noch lange nicht verzichtet werden. Im Hintergrund ein Wagen der »Sleeper Class«, der preiswertesten Schlafwagen-Kategorie in Indien: Das ist ein nicht-klimatisierter Liegewagen mit Sechsbettabteilen auf einer Seite des Gangs, auf der anderen Seite zwei Betten übereinander in Längsrichtung des Wagens. Es gibt keine Vorhänge zwischen Gang und Betten, aus Sicherheitsgründen sind die Fenster vergittert. | Natasha Karpuk/Shutterstock.com

Jalgaon – Indien

Alltagsbetrieb im indischen Bahnhof Jalgaon mit einem typischen Personenzug, an der Zugspitze eine von 778 in den heimischen Chittaranjan Locomotive Works (CLW) gebauten Exemplaren der Ellok-Baureihe WAP-4, die zwischen 1993 und 2016 in Dienst gestellt wurde. Jalgaon hat rund eine halbe Million Einwohner, liegt im Bundesstaat Maharashta und ist in Sachen Eisenbahn gut erschlossen; von der Jalgaon Junction Station bestehen Fahrmöglichkeiten in Richtung Mumbai, Nagpur und Delhi.
| Leonid Andronov/shutterstock.com

CAUTION
CLEARANCE
TO
OHE NEAR BY
RESTRICTED
SANTRAGACHI
MR
BC
WAP-4
22348
CAB-2

Kuala Lumpur – Malaysia

Ein echter Prachtbau ist der alte Bahnhof von Kuala Lumpur, der Hauptstadt von Malaysia. Nachdem die Stadt im Jahre 2001 einen neuen Zentralbahnhof erhalten hat, wird der alte Bahnhof nur noch von Zügen des Nahverkehrs angefahren. Der Bahnhof wurde 1910/1911 im viktoranisch-maurischem Stil erbaut. Das Gebäude wird heute in erster Line als 6-Sterne Hotel genutzt.
| Picture alliance/imageBROKER

Malaysia, eine Monarchie mit 13 Millionen Einwohnern, besteht aus 13 Bundesstaaten in Südostasien auf der Malaiischen Halbinsel oder Westmalaysia mit der Hauptstadt Kuala Lumpur und Ostmalaysia auf einem Teil der Insel Borneo. Zwischen den beiden ungefähr gleich großen Landesteilen liegt das Südchinesische Meer. Daher existieren zwei voneinander getrennte Eisenbahnnetze: Die Eisenbahninfrastruktur von Malaysia umfasst 1.792 Streckenkilometer. Davon sind 1.735 Kilometer in der für Malaysia historisch üblichen Meterspur, 57 Kilometer sind in Normalspur von 1.435 mm ausgeführt. Der überwiegende Teil des Netzes verläuft auf dem Festland und wird von der Keretapi Tanah Melayu (Malaiischen Eisenbahn) betrieben. Etwa 207 km Strecke sind elektrifiziert. Eine zweigleisige für eine Höchstgeschwindigkeit von 160 km/h ausgelegte Neubaustrecke von Kuala Lumpur nach Ipoh wurde Anfang 2008 fertiggestellt. Nördlich Ipohs entsteht zurzeit eine Strecke bis Padang Besar in der Nähe der Grenze zu Thailand. Grenzüberschreitenden Verkehr gibt es schon nach Thailand und Singapur. Darüber hinaus gibt es die Keretapi Negeri Sabah, die Staatsbahn des Bundesstaates Sabah, die eine 134 Kilometer lange Strecke in der Spurweite 1000 mm auf Borneo betreibt.

Ipoh – Malaysia

Ipoh ist die Hauptstadt des malaysischen Bundesstaates Perak und weist eine wunderschöne Bahnhofsanlage auf. Liebevoll wird dieser Anfang des 20. Jahrhunderts als Krankenhaus konzipierte Bahnhof von Bewohnern auch als das »Tadsch Mahal« bezeichnet. Geplant war die Eröffnung im Jahre 1917 – doch dann kam der erste Weltkrieg und die Pläne des britischen Architekten Arthur Benison Hubback wurden auf Eis gelegt. Tatsächlich eröffnet wurde der Bahnhof, der im neomaurisch-mogulisch-indogotischem Stil erbaut ist, schließlich erst im Jahr 1935. | Syariff Hidayatullah/ Shutterstock.com

Đà Lat – Vietnam

Der Bahnhof zählt zu den Sehenswürdigkeiten von Đà Lat, einer Großstadt im Hochland Südvietnams. Das im Art-Déco-Stil gehaltene Empfangsgebäude wurde 1932 durch die französischen Architekten Moncet und Reveron entworfen, die Eröffnung war im Jahr 1938. Die Bahnstrecke Tháp Chàm – Đà Lạt war eine 84 Kilometer lange meterspurige Eisenbahnstrecke in Vietnam, die die Stadt Đà Lat mit der Nord-Süd-Bahn des Landes verband. Im Jahre 1932 war die Meterspurstrecke, die mehrere Zahnradabschnitte auswies, in Betrieb genommen worden. Während des Vietnamkrieges wurde nach Angriffen des Viet Kong auf die Strecke der Betrieb 1968 eingestellt. In den 1990er-Jahren wurde der sieben Kilometer lange Abschnitt zwischen Đà Lạt und Trại Mát als Touristenattraktion wieder aufgebaut. Hier verkehren Züge unter der Bezeichnung »Dalat Plateau Rail Road«. Zwei der Original-Dampfloks fahren heute übrigens bei der Furka-Dampfbahn in der Schweiz. | picture alliance/imageBROKER

Die Geschichte der Eisenbahn in Vietnam war zunächst von der Kolonialpolitik der Französischen Republik in Französisch-Indochina geprägt, später von den Jahrzehnte lang andauernden Kriegen, unter denen Vietnam litt. Nach der vietnamesischen Wiedervereinigung im Jahre 1975 übernahm die nordvietnamesische Staatsbahn die Anlagen und Fahrzeuge in Südvietnam. Sowohl im Süden als auch im Norden waren sie schwer beschädigt. Die Reparaturen begannen sofort. Das war nur möglich, indem andere Bahnstrecken stillgelegt und dort Material ausgebaut wurde. Das Netz hat heute eine Streckenlänge von 2.437 Kilometer, die Gleislänge einschließlich Überhol- und Bahnhofsgleise, beträgt 3.159 Kilometer. Keine der Strecken ist elektrifiziert, alle sind eingleisig.

Mit dem Bau von Eisenbahnstrecken wurde in Thailand im Jahr 1892 begonnen. Damals benötigte man ein Verkehrsmittel, das im Fall einer Invasion einer Kolonialmacht schnelle Truppen- und Materialbewegungen erlauben würde. Heute betreibt die staatliche Eisenbahn SRT ein Schienennetz von mehr als 4.400 Kilometer in Schmalspur, welches sternförmig von Bangkok ausgeht. Die SRT ist allerdings nicht gerade erfolgreich. Die Passagierzahlen – in Reisezügen werden drei Wagenklassen angeboten – sind niedrig. Der Marktanteil der Schiene liegt nur bei sechs Prozent. Beim Güterverkehr sieht es noch schlechter aus, da sind es lediglich zwei Prozent. Das liegt an zu hohen Preise und am veralteten Material. Eine Modernisierung des Netzes, zweigleisiger Ausbau, Anschaffung besserer Fahrzeuge und eine Erhöhung der Durchschnittsgeschwindigkeit wie der Sicherheit würde in den kommenden Jahren etwa 15 Milliarden Euro kosten. Ende 2009 wurde von der Regierung grundsätzlich beschlossen, die notwendigen Investitionen zu tätigen, doch den Worten folgten bislang nur wenige Taten.

Bangkok – Thailand

Auch in der thailändischen Millionen-Metropole setzt man auf die Eisenbahn als umweltfreundliches Massenverkehrsmittel. So zeigt diese Luftaufnahme vom 11. November 2018 die im Bau befindliche »Bang Sue Central Station«, deren Eröffnung bald ansteht. Die Bang Sue Central Station umfasst mehrere Etagen. Eine Tiefgarage wird Platz für 1.700 Fahrzeuge bieten, im Erdgeschoss finden Ticketschalter, eine große Fahrgastlounge und Geschäfte Platz. In der ersten Etage befinden sich vier Bahnsteige für die Züge des Nahverkehrs sowie acht für den Fernverkehr. Zehn weitere stehen in der zweiten Etage des Mega-Bahnhofs für den Regionalverkehr bereit sowie für die Züge der geplanten Hochgeschwindigkeitsverbindungen und den Airport Rail Link. | Zephyr_p/Shutterstock.com

Nabon – Thailand

Ein Landbahnhof in Thailand: Nabon nennt sich der Bahnhof des Landkreises Amphon Na Bon in der Provinz Nakhon Si Thammarat. Abfahrbereit auf der Southern Line steht hier der Fernzug nach Bangkok, geführt von einer sechsachsigen dieselelektrischen Staatsbahn-Lok der SRT-Reihe. | Pratan Saetang/Shutterstock

ร.ฟ.ท.
4559
4559

Tang Gu La – chinesisch-tibetische Grenze

Ein chinesischer Arbeiter steht neben dem Namensschild von Tang Gu La, einem neuen Bahnhof an der Qinghai-Tibet-Neubaustrecke. Der Bahnhof von Tang Gu La liegt an der chinesisch-tibetanischen Grenze auf einer Höhe von 5.068 Metern über dem Meer und ist damit der höchstgelegene Bahnhof der Welt.
| picture-alliance/dpa

Hsinchu – Taiwan

Hsinchu ist eine Stadt im Nordwesten der Republik China auf Taiwan mit knapp einer halben Million Einwohnern. Der Bahnhof von Hsinchu entstand während der japanischen Besatzungszeit, die von 1895 bis 1945 währte. Die Bedeutung des Bahnhofs hat seit einigen Jahren abgenommen, halten doch die Züge der Hochgeschwindigkeitsstrecke von Nankang über Taipeh nach Zuoying, die 2007 in Betrieb genommen wurde, in einem neu erbauten Bahnhof außerhalb der Stadt. 2011 wurde allerdings eine Zubringerstrecke eröffnet, die die beiden Bahnhöfe von Hsinchu miteinander verbindet.
| Richie Chan/Shutterstock.com

Changhua – Taiwan

Klassische Bahnbetriebswerke sehen auf der ganzen Welt ähnlich aus. Diese Luftaufnahme zeigt die Anlagen des Betriebswerkes Changhua in Taiwan. Über eine Drehscheibe werden die Lokomotiven auf die Stände des Halbrundschuppens verteilt, zusätzliche Freistände dienen als Abstellplatz für weitere Lokomotiven. So war das schon zu Dampflokzeiten und ist es noch heute, wenn die entsprechenden Analgen weiterverwendet bzw. modernisiert werden. So wurde hier die Bekohlungsanlage längst durch zwei Öltanks ersetzt, in denen der Treibstoff der zahlreich zu sehenden Diesellokomotiven lagert. | elwynn/Shutterstock.com

Die Schienennetze der Republik China, auch als Taiwan bekannt, haben eine Gesamtlänge von 1.841 Kilometern (2007). Alle Bahnstrecken befinden sich auf der Insel Taiwan, auf den kleineren zur Republik China gehörenden Inseln gibt es keine Eisenbahnen. Die Taiwanische Eisenbahnverwaltung TRA verwaltet ein 1.097 Kilometer langes konventionelles Eisenbahnnetz mit 1.067 Millimeter Spurweite. Seit 2007 ist darüber hinaus eine 345 Kilometer lange Hochgeschwindigkeitsstrecke in Normalspur zwischen Taipeh und Kaohsiung in Betrieb. In den Städten Taipeh und Kaohsiung gibt es Metrosysteme. Die 86 Kilometer lange Alishan-Waldbahn sowie die Zuckerbahnen in Taiwan sind Schmalspurbahnen mit einer Spurweite von 762 Millimetern, die ursprünglich zum Gütertransport angelegt wurden und heute vorwiegend touristisch genutzt werden.

Kein Land der Erde hat in den letzten Jahrzehnten so viel in den Schienenverkehr investiert wie die Volksrepublik China. In geradezu aufsehenerregendem Tempo entstand eine Schnellfahrstrecke nach der anderen, gleichzeitig wurde die Modernisierung des Fahrzeugparks vorangetrieben: Wurde 1988 noch Dampflokomotiven gebaut, konnte die chinesische Staatsbahn die Jahrtausendwende schon »dampffrei« feiern. Bei der Gründung der Volksrepublik China im Jahre 1949 bestand das Eisenbahnnetz aus etwa 22.000 Kilometern Gleis, das etwa zur Hälfte während der vorangegangenen Kriege zerstört war; etwa die Hälfte der Provinzhauptstädte hatte keine Bahnverbindung nach Peking. Das Schienennetz wurde nur langsam erweitert und erreichte in der ersten Hälfte der 1990er-Jahre etwa 54 000 Kilometer, davon waren 11.200 Kilometer zweigleisig und 6.500 Kilometer elektrifiziert. Obwohl das Bahnnetz angesichts der Größe des Landes stark unterentwickelt war, beförderte es 71 Prozent der Personen und 56 Prozent aller Güter. Angesichts der großen Engpässe wird seit der Jahrtausendwende in die Eisenbahninfrastruktur und in Fahrzeuge investiert. Die Eisenbahn, die das wichtigste Fernverkehrsmittel darstellt, konnte im Jahr 2016 120.970 Kilometer Schienenkilometer nutzen. Zwischen 2008 und 2018 hat China mit 29.000 km Streckenlänge das weltweit größte Hochgeschwindigkeitsschienennetz errichtet. Ein Meilenstein war auch die Eröffnung der Lhasa-Bahn nach Tibet im Jahre 2006: Diese fast 2.000 Kilometer lange Bahnstrecke weist mit Tanggula den höchstgelegenen Bahnhof der Welt (5.068 Meter über NN) der Welt auf, ein Viertel der Strecke liegt aus klimatischen Gründen auf Permafrostboden, der in der wärmeren Jahreszeit gekühlt wird, damit er nicht auftaut.

Taipeh – Taiwan

Der 1897 eröffnete Hauptbahnhof Taipeh ist ein Bahnknoten in der Hauptstadt der Republik China (Taiwan). 1989 wurde das heutige Verkehrsbauwerk eröffnet. Er wird für den Nah- und Fernverkehr genutzt und weist insgesamt 24 Bahnsteiggleise auf. Der Bahnhof wird von der Taiwanischen Eisenbahnverwaltung, der Taipei Rapid Transit Corporation und Taiwan High Speed Rail betrieben. Ein Großteil der Gleisanlagen liegt unterirdisch. Seit 2007 ist der Bahnhof an das taiwanische Hochgeschwindigkeitsnetz angeschlossen. | Richie Chan/Shutterstock

Harbin – China

Harbin ist ein wichtiger Eisenbahnknotenpunkt im Nordost der Volksrepublik China. Die Aufnahme zeigt eine Alltagsszene mit einem Hochgeschwindigkeitszug im 1899 eröffneten und 1999 erweiterten und modernisierten Hauptbahnhof, einem von vier Bahnhöfen der Stadt. | ZDL/Shutterstock.com

Peking – China

Die Entwicklung des Eisenbahnwesens in der Volksrepublik China ist faszinierend: Vor gut 30 Jahren bauten die Chinesen noch Dampflokomotiven, heute verfügt das Land über das mit Abstand größte Hochgeschwindigkeits-Eisenbahnnetz der Welt. In dieses Bild passt auch der Pekinger Südbahnhof. Im Vorfeld der Olympischen Spiele am 1. August 2008 eröffnet, dient er der Einbindung des Großraums Peking in den Hochgeschwindigkeitsverkehr in Richtung Süden. Der vom britischen Architekten Terry Farrell in Zusammenarbeit mit dem Tianjin Design Institute entworfene Bahnhof ersetzte nach weniger als drei Jahren Bauzeit den ehemaligen Südbahnhof Yongdingmen. Charakteristisch für den Bahnhof Peking Süd ist die Bahnhofshalle mit elliptischem Dach, das eine Breite von 500 m und eine Länge von 380 m besitzt. Die Halle beherbergt den sich quer über die Gleise erstreckenden Wartesaal, über den die 24 Bahnsteige erreicht werden können. Der Bahnhof nimmt eine Fläche von 420.000 Quadratkilometer ein und ist damit flächenmäßig der drittgrößte Bahnhof der Volksrepublik China, wobei 310.000 Quadratkilometer auf das Bahnhofsgebäude entfallen.
| picture alliance/Photoshot

Shanghai – China

Modernste Architektur zeichnet den Südbahnhof von Shanghai aus. Die Luftaufnahme zeigt das Dach des weltweit ersten Bahnhofs mit einem kreisrunden Empfangsgebäude, das aufgeständert über den Gleisanlagen liegt. Der 2006 eröffnete Bahnhof zählt zu den vier wichtigen Bahnhöfen Shanghais und bietet vor allem Reisemöglichkeiten in die Südprovinzen Chinas. | M. Scheja/ Shutterstock.com

Hangzhuo – China

Ohne Personal geht auch bei der modernen Bahn noch nicht viel: Eine freundliche Zugbegleiterin schaut in Hangzhuo aus der Tür eines HGV-Zuges der Bauart G85, der im Dezember 2014 von Shanghai nach Guangzhou unterwegs ist. Der Verkehr auf dieser Hochgeschwindigkeitsstrecke war erst wenige Tage zuvor aufgenommen worden. | Picture alliance/ Photoshotneoklassizistische

Tokio – Japan

Japan zählt zu den am dichtesten besiedelten und bebauten Ländern der Erde. Die Luftaufnahme aus Tokio belegt das, die Bahnstrecken sind von einem Häusermeer umgeben. Zugbildungsbahnhöfe oder Abstellanlagen finden sich fast ausschließlich außerhalb der großen Städte. | marchello74/ Shutterstock.com

Die Staatsbahn des viertgrößten Inselstaates der Welt, bestehend aus insgesamt 6.852 Inseln der verschiedensten Größe, gilt als Pionier des Hochgeschwindigkeitsverkehrs aus der Schiene. Shinkansen werden sowohl die normalspurigen HGV-Strecken als auch die Triebzüge bezeichnet, die 1964 eine neue Ära des Eisenbahnverkehrs in Japan einleiteten. Fuhren die ersten Shinkansen 220 km/h schnell, werden heute 320 km/h planmäßig erreicht. Heute sind die japanischen Eisenbahnen privatisiert und verfügen über ein dichtes Netz auf den wichtigsten Inseln. Standard-Spurweite in Japan für den allgemeinen Personen- und Güterverkehr ist die 1.067 mm breite Kapspur: Dieses Netz umfasst 22.207 km, davon sind 15.430 km elektrifiziert. Normalspurig ausgelegt sind die Schnellfahrstrecken und einige Vorortlinie, hier besteht die Streckenlänge 4.800 Kilometer, die alle elektrifiziert sind. Nur Randnotizen sind einige Strecke, die in der schottischen Spur (1.372 mm) und in 762-mm-Spur angelegt sind.

Tokio – Japan

Das am Westen orientierte Japan zeigt sich im Empfangsgebäude des Tokioter Hauptbahnhofs, der im Jahre 1914 entstand. Der Bahnhof Tokio liegt im Chiyoda-Bezirk im Geschäftsviertel Marunouchi, unweit des Kaiserpalastes und etwas nördlich des Ginza-Viertels. Hier kreuzen sich neben den Shinkansen-Linien zahlreiche S-Bahnen und Regionalbahnen sowie eine U-Bahn-Linie, die Marunouchi-Linie. Für einen großen japanischen Bahnhof ungewöhnlich ist das Fehlen privater Bahnlinien. Diese enden jedoch bereits in den Außenbezirken. Über eine unterirdische Passage ist der Bahnhof auch mit dem nahegelegenen U-Bahnhof Otemachi verbunden. Sehr reizvoll ist der Kontrast zu den modernen Hochhäusern im Hintergrund. | Peera_stockfoto/Shutterstock

Tokio – Japan

Nächtliche Bahnsteigszene im Bahnhof Shinjuku, einem Tokioter S-Bahnhof. Shinjuku ist bekannt als Ausgehmeile mit Clubs, Bars, Restaurants, Karaoke und Rotlichtbezirk. Der Bahnhof Shinjukus ist mit ca. 3,5 Millionen Fahrgästen täglich der meistbenutzte Bahnhof der Welt. Viele Menschen warten auf die letzte Yamanote, Tokios kreisförmig fahrende S-Bahn. Die Streckenlänge beträgt 34,5 Kilometer, gefahren wird auf Kapspur (1.067 mm), die Höchstgeschwindigkeit beträgt 90 km/h | picture-alliance/dpa

Tokio – Japan

Der Bahnhof Tokio ist der Hauptbahnhof der japanischen Hauptstadt und Ausgangspunkt fast aller Shinkansen-Linien. Der wichtigste Bahnhofsbereich besteht aus zehn auf einem Viadukt gelegenen Bahnsteigen, die in nord-südlicher Richtung verlaufen. Der Haupteingang liegt an der dem Kaiserpalast zugewandte Westseite des Bahnhofs im 1914 eröffneten historischen Bahnhofsgebäude, das am linken Bildrand zu sehen ist. Die gesamte Struktur wird von einer Bahnhofshalle unterquert, die auf allen Seiten mit weiteren Tunnelkomplexen verbunden ist. | MAHATHIR MOHD YASIN/ shutterstock

Abashiri – Japan

Der 1912 eröffnete Bahnhof Abashiri liegt im westlichen Stadtteil Shinmachi der japanischen Stadt und ist von Westen nach Osten ausgerichtet. Er besitzt fünf Gleise, von denen drei dem Personenverkehr dienen. Diese liegen am Hausbahnsteig und an einem überdachten Mittelbahnsteig, der durch eine gedeckte Überführung mit dem Empfangsgebäude an der Nordseite der Anlage verbunden ist. Betrieblich gesehen handelt es sich um einen von beiden Seiten her zugänglichen Endbahnhof: Züge wechseln nur in Ausnahmefällen von der einen auf die andere Linie, da Abashiri in der Regel stets die Endstation ist. Schnellzüge nach Sapporo fahren grundsätzlich vom Hausbahnsteig ab. | TwoKim studio/shutterstock.com

15
3
14
13
519

AUSTRALIEN UND NEUSEELAND – MEHR ALS NUR „HERR DER RINGE“ ODER KOALAS

Eisenbahn in Australien – wer denkt da nicht an die mit 478 Kilometern längste gerade, d.h. völlig kurvenfreie Strecke der Schienenwelt der 1.692 Kilometer langen transaustralischen Eisenbahn von Kalgoorlie nach Port Augusta? 1854 verkehrte der erste Dampfzug zwischen der Innenstadt und dem Hafen Melbournes. Zahlreiche private Gesellschaften bauten und betrieben in der Folgezeit die Eisenbahnlinien des Landes. Dies führte dazu, dass zum Zeitpunkt der Föderationsbildung (1901) drei Spurweiten vorlagen, was den Bahnbetrieb erschwerte. Erst seit etwa 1970 ist die durchgehende Fahrt von Sydney nach Perth ohne systembedingtes Umsteigen möglich. Teilweise wird hier auf Dreischienengleis gefahren. Die Gesamtlänge des staatlichen Eisenbahnnetzes beträgt etwa 34.000 Kilometer. Die Länge der privat betriebenen Schienennetze beläuft sich auf etwa 5.500 Kilometer. Private Schienennetze werden in der Pilbara-Region Western Australia vor allem zum Transport von Eisenerz, in Queensland für den Transport von Kohle und Zuckerrohr genutzt. Verglichen mit dem Straßenverkehr spielt der Personen- und Gütertransport auf den Schienen inzwischen eine untergeordnete Rolle. Die Transaustralische Eisenbahn von Sydney nach Perth ist für den Fracht- und den Fremdenverkehr von Bedeutung. Die wenigen Fernreisezüge haben vor allem für den Tourismus Bedeutung. In den Ballungsräumen Brisbane, Melbourne, Perth und Sydney, in denen die Hälfte der Bevölkerung lebt, bestehen gut ausgebaute S-Bahn-Netze.

Brisbane – Australien

Blick aus der Vogelperspektive auf das australische Brisbane mitsamt seinem Durchgangsbahnhof. Die Hauptstadt des Bundeslandes Queensland hat mehr als zwei Millionen Einwohner. Brisbane liegt an der Hauptstrecke Sydney – Cairns, außerdem zweigt noch eine Strecke Richtung Toowoomba ab. Im Fernreiseverkehr hat die australische Eisenbahn nur noch wenig Bedeutung, dafür floriert der öffentliche Personennahverkehr auf der Schiene. Großer Beliebtheit erfreut sich der »Airtrain«, der eine Verbindung zum internationalen Flughafen von Brisbane bietet. | picture alliance/Reinhard Dirscherl

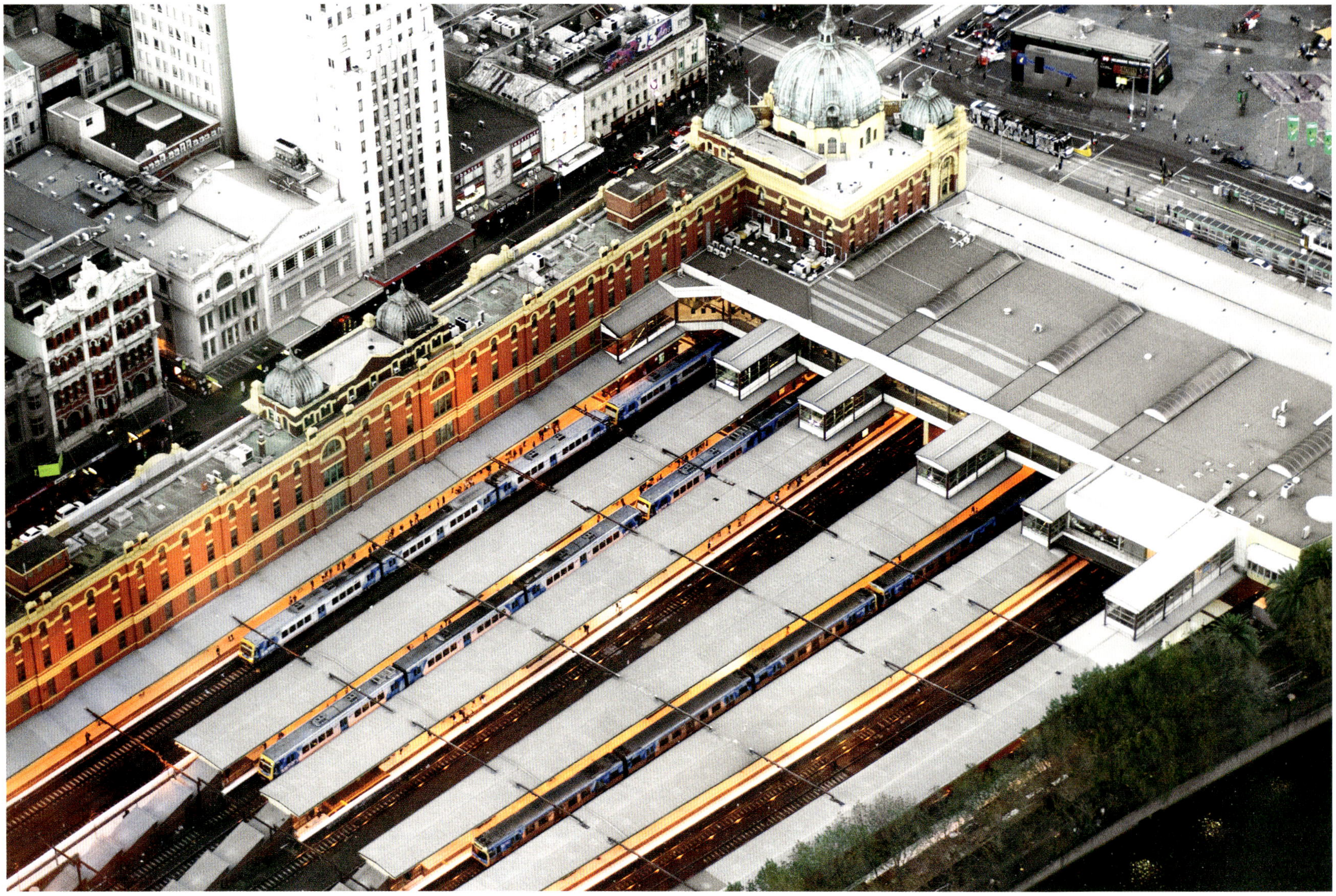

Melbourne – Australien

Im Jahre 2014 entstand diese Aufnahme des Bahnhofs Flinders Street in Melbourne, dem wichtigsten Nahverkehrsknotenpunkt der Hauptstadt des australischen Bundesstaats Victoria. Das Empfangsgebäude liegt an der Ecke der Flinders Street und Swanston Street, die Rückseite der Bahnanlagen bildet der Yarra River. Der Eingangsbereich befindet sich auf Straßenhöhe und eine Ebene höher als die Bahnanlagen, die in Tieflage als Durchgangsbahnhof gestaltet werden konnten. Der 1910 eingeweihte Bahnhof wurde mehrfach modernisiert und weist heute 14 Bahnsteiggleise auf. Der charakteristische Kuppelbau ist gleichzeitig der Haupteingang des Bahnhofs. Er steht unter Denkmalschutz und ist wahrscheinlich das meistfotografierte Gebäude der Stadt. Übrigens, Bahnsteig 1 ist 708 Meter lang und damit der viertlängste Bahnsteig der Welt: Das sagt zumindest die australische Regierung. | ChameleonsEye/Shutterstocl.com

Melbourne – Australien

Southern Cross Station, der neue, zwischen 2002 und 2006 entstandene Bahnhof in Melbourne, weist als Besonderheit eine innovative, trapezförmige Dachkonstruktion auf. Diese überspannt eine Fläche von 216 x 180 Metern, die eine sehr komplexe Geometrie, die keinerlei Symmetrien oder Wiederholungen aufweist. Southern Cross ist der wichtigste Fernverkehrsbahnhof von Melbourne, der Durchgangsbahnhof mit 15 Bahnsteiggleisen wird aber auch von Nahverkehrszügen bedient. Zwei Gleise sind mehrspurig angelegt und können sowohl von Normalspur- als auch von Breitspurzügen angefahren werden. | picture alliance/Reinhard Koester

Oamaru – Neuseeland

Oamaru ist eine Kleinstadt im Waitaki District in der Region Otago auf der Südinsel von Neuseeland. Mit zahlreichen historischen Gebäuden hat die Stadt heutzutage große touristische Bedeutung. Oamaru ist an die Haupteisenbahnstrecke der Südinsel, die Main South Line angeschlossen. Hier verkehrt regelmäßig Güterverkehr. Der Personenverkehr wurde im Jahr 2002 mit der Aufgabe des Zuges »Southerner« eingestellt. An die große Zeit der Eisenbahn erinnert heute die Museumseisenbahn der Oamaru Steam and Railway Society, die die Gleisanlagen des ehemaligen Hafens nutzt. | Naruedom Yaempongsa/Shutterstock.com

Dunedin – Neuseeland

Menschenleer zeigt sich hier der Bahnsteig des historischen Bahnhofsgebäudes von Dunedin, gelegen auf der Südinsel Neuseelands. Trotz des Rückzugs der staatlichen Eisenbahn New Zealand Rail und dem Nachfolger, der privatisierten Tranz Rail bzw. Toll Rail aus dem Personenverkehr, ist der Bahnhof weiterhin in Betrieb, denn seit 1990 nutzt der Otago Excursion Train Trust den im Stil der flämischen Renaissance erbauten Bahnhof. Sie ist die größte Touristeneisenbahn des Landes und hat ihren Startpunkt im Bahnhof von Dunedin. | Picture alliance/imageBROKER

In der zweiten Hälfte des 19. Jahrhunderts herrschte auf den beiden größten neuseeländischen Inseln ein wahrer Eisenbahnboom, der zum Bau von Haupt- und Nebenstrecken führte, die weitgehend in Kapspur errichtet wurden. 100 Jahre später sah das dann ganz anders aus: Zahlreiche Nebenbahnen wurden stillgelgt, Hauptbahnen verloren ihr zweites Gleis und selbst Elektrifizierungen wurden rückgängig gemacht. In den letzten Jahren wurde der Bahnbetrieb privatisiert, allerdings befindet sich das Netz mittlerweile wieder in staatlicher Hand. Der Güterverkehr wird vor allem mit Ganzzügen abgewickelt, in denen Massengüter transportiert werden. Der Fernverkehr mit Reisezügen beschränkt sich auf nur noch vier Zugpaare mit touristischer Bedeutung, daneben wird in den Ballungsräumen um Wellington und Auckland umfangreicher Nahverkehr betrieben. An die »alte Eisenbahn« erinnern zahlreiche Museen und Museumsbahnen, daneben werden auch Dampfloksonderfahrten auf Staatsbahngleisen durchgeführt, die sich wachsender Beliebtheit erfreuen.

Wellington – Neuseeland

Diese Teilansicht von Wellington zeigt nicht nur das Westpac Stadium, sondern auch die umfangreichen Gleisanlagen des Bahnhofs. 1908 erhielt Wellington seine erste Eisenbahn in Kapspur (1.076 mm), heute liegt der Betrieb der Eisenbahn nach zwischenzeitlichen Privatisierungen wieder vollständig in Staatshand, nachdem das Unternehmen Toll Rail verstaatlicht und in Kiwi Rail umbenannt wurde. Kiwi Rail führt sämtliche Schienenpersonenverkehrsleistungen in Neuseeland durch. | Picture-alliance/A.F.Kersting/akg-images

HUNTSVILLE AND LAKE OF BAYS RAILWAY
THE
ALGONQUIN
COACH

AMERIKA – EINE REISE VON NORDEN NACH SÜDEN

Die Geschichte der Eisenbahnen in den USA, Kanada und Mexiko ist eng miteinander verbunden. So wurden Strecken in Kanada und Mexiko von US-Eisenbahnen gebaut und betrieben. Als erste amerikanische Eisenbahngesellschaft wurde 1827 die Baltimore&Ohio Railroad gegründet, die 1830 ihre erste Strecke in Baltimore in Betrieb nahm. In den folgenden Jahren entstanden überall in den USA Eisenbahnen von zunächst lokaler, später überregionaler Bedeutung. 1869 wurde die erste transkontinentale Eisenbahnlinie von New York nach Sacramento eröffnet, an deren Bau und Betrieb verschiedene private Bahngesellschaften beteiligt waren. Waren zeitweise hunderte von Bahngesellschaften in den USA aktiv, sorgten Fusionen für immer größere Bahnkonzerne, die sich untereinander Konkurrenz machten. Die 1930er- bis 1950er-Jahre waren geprägt vom letzten Aufblühen des Reisezugverkehrs, als die führenden Bahngesellschaften vermehrt Dieselloks in Betrieb nahmen, die vor klimatisierten Stromlinienzügen durchs Land röhrten. Der Niedergang des Reisezugverkehrs führte schließlich 1971 zur Gründung vom AMTRAK, einer halbstaatlichen Auffanggesellschaft, die den Restpersonenverkehr von den privaten Bahnen übernahm und weiterentwickelte – heute weist AMTRAK steigende Fahrgastzahlen auf. Der Vorortverkehr in Metropolen liegt heute weitgehend in der Hand kommunaler Verkehrsträger und erfreut sich wachsender Beliebtheit. Den Güterverkehr dominieren sieben große überregionale Bahngesellschaften, daneben gibt es noch mehrere hunderte kleinere Gesellschaften. Mit einer Gesamtlänge von 293.564 Kilometern im Jahre 2014 haben die Vereinigten Staaten das längste Eisenbahnnetz der Welt. Die Entwicklung der Eisenbahn in Kanada verlief ähnlich wie den USA, wobei hier die zwei großen Gesellschaften Canada National und Canadian Pacific den Markt beherrschten. Ähnlich wie in den USA, wurde der Personenverkehr in den 1970er-Jahren von einer halbstaatlichen Gesellschaft namens VIA übernommen, die noch heute den Restpersonenverkehr in Kanada durchführt. Kennzeichnend für die Eisenbahn in Mexiko war über Jahrzehnte eine gewisse Rückständigkeit gegenüber den Bahnen in den USA und Kanada. So waren die mexikanischen Bahnen dankbare Abnehmer für in den USA nicht mehr benötigten Rollmaterial; Dampf- und Dieselloks und viele Reisezugwagen beendeten in Mexiko ihre Karriere. Heute spielt die Eisenbahn in Mexiko, die nur über ein dünnes Bahnnetz verfügt, keine große Rolle mehr. Bis auf ein paar touristische Verbindungen und einigen Vorortverkehr gibt es keine Reisezüge mehr, zahlreiche klassische Bahnhöfe wurden zu Museen umgebaut oder anderen Zwecken zugeführt. Im Güterverkehr haben heute nur noch die Verbindungen in die USA eine gewisse Bedeutung.

Huntsville – Kanada

in Kanada wird an die Frühzeit der Eisenbahn erinnert: Besuch in Huntsville im kanadischen Bundesstaat Ontario im Oktober 2019. Abfahrbereit steht der »Portage Flyer« in der »Rotary Village Station«. Die kleine Bahn ist ein Teil des »Muskoka Heritage Place« und erinnert an eine Kleinbahn, die zwischen 1904 und 1959 zwischen Nord- und Süd-Portage verkehrte. Die heutige Touristenbahn besitzt mehrere Aussichtswagen sowie je eine Dampf- und Diesellokomotive, ein Museum ist angegliedert. | Gilberto Mesquita/shutterstock.com

1
2
3
4
5
6
7
8

Toronto – Kanada

Die Union Station ist der Hauptbahnhof und gleichzeitig der Hauptknotenpunkt des öffentlichen Nahverkehrs von Toronto. Der Bahnhof wurde am 6. August 1927 von Prinz Edward von Wales, dem späteren britischen König Eduard VIII., eröffnet und in den 1970er-Jahren renoviert. Das heutige Bahnhofsgebäude ersetzt einen Bau aus dem Jahr 1858. Bauherr war die Bahngesellschaft Canadian National Railway. Den Haupteingang bildet eine neoklassizistische Kolonnade. Die Union Station ist ein wichtiger Knotenpunkt des sogenannten Korridors, der sich von Windsor und Sarnia bis nach Ottawa, Montreal und Québec ostwärts erstreckt. Durch den Bahnhof verkehren Fernzüge der Gesellschaften VIA Rail (blaue Diesellok vor der Bahnhofshalle), Amtrak und Ontario Northland. Der Nahverkehr wird von der Gesellschaft GO Transit vor allem mit Doppelstockwagen abgewickelt. Ganz rechts im Bild am Außenbahnsteig ist ein Doppelstock-Steuerwagen in der klassischen grün-weißen GO-Transit-Farbgebung zu erkennen. Im Jahr 1975 wurde der Bahnhof zu einer National Historic Site erklärt, d.h. unter Denkmalschutz gestellt.
| AnjelikaGr/shutterstock.com

Banff – Kanada

Banff ist eine Kleinstadt innerhalb des Banff-Nationalparks in der kanadischen Provinz Alberta. Banff liegt in einer Höhe von 1399 m am Osthang der Rocky Mountains. Banff erhielt seinen Namen im Jahr 1884 durch einen ehemaligen Direktor der Canadian Pacific Railway, Lord Stephen, bzw. nach seiner schottischen Geburtsstadt Banff. Der Bahnhof von Banff ist ein Durchgangsbahnhof, der 1991 Denkmalstatus erhielt. Im Reisezugverkehr wird er heute von den Ausflugszügen »Rocky Mountaineer« und »Royal Canadian Pacific« angefahren. | Bradley L. Grant/Shutterstock

New York City – USA

Morgendliche Berufspendler eilen durch die Haupthalle des New Yorker Grand Central Terminals, umgangssprachlich auch als Grand Central Station bekannt. Das Grand Central Terminal wurde am 2. Februar 1913 als Kopfbahnhof eingeweiht und ist seitdem der Bahnhof mit den meisten Gleisen weltweit – seine 67 Gleise enden an 44 Bahnsteigen. Der Etagenbahnhof liegt auf zwei Ebenen mit 41 Gleisen auf der oberen und 26 auf der unteren Ebene. Der Bahnhof dient sowohl dem Fern- als auch dem Nahverkehr. Im Januar 1975 wurde das Grand Central Terminal in das National Register of Historic Places eingetragen und im Dezember 1976 zu einem National Historic Landmark erklärt. Aus Anlass des hundertjährigen Bestehens wurde das Bauwerk am 1. Februar 2013 von der American Society of Civil Engineers in die List of Historic Civil Engineering Landmarks aufgenommen. | Picture alliance / REUTERS

New York City – USA

Oculus nennt sich Haupthalle des U-Bahnhofs World Trade Center der regionalen U-Bahn Port Authority Trans-Hudson (PATH) in New York City. Sie befindet sich direkt unter der World Trade Center Site in Manhattan, der Stelle, an der bis zu den Terroranschlägen am 11. September 2001 die beiden Türme des World Trade Centers standen und inzwischen eine Reihe neuer Wolkenkratzer errichtet wurden. Der Bahnhof ist ein Werk des spanischen Architekten Santiago Calatrava, dessen beeindruckende Haupthalle im Jahre 2016 der Öffentlichkeit präsentiert wurde.
| picture alliance / imageBROKER

New York City – USA

Blick auf New York mit dem Empire State Building und der Pennsylvania Station, dem mit 600.000 täglichen Reisenden verkehrsreichsten Personenbahnhof in den Vereinigten Staaten. Der 1910 im Betrieb genommene Bahnhof verfügte über ein aus rosa Granit gefertigtem Empfangsgebäude, das als eines der schönsten der Welt galt. Bedingt durch die prekäre finanzielle Situation der Pennsylvania Railroad wurde das Gebäude 1963 abgerissen, so konnten an dieser Stelle neue Gebäude errichtet werden, die ordentlich Geld einbrachten. Heute stehen hier der Madison Square Garden sowie Hochhäuser. Der neue, kombinierte Durchgangs- und Tunnelbahnhof mit 21 Bahnsteiggleisen wurde 1968 fertiggestellt. | Richard Cavalleri/Shutterstock

Wahington D.C. – USA

Die Union Station in Washington ist der Hauptbahnhof der Hauptstadt der Vereinigten Staaten von Amerika. Der 1907 eröffnete und ursprünglich von der Pennsylvania Railroad sowie der Baltimore & Ohio Railroad betriebene Bahnhof weist 22 Kopfgleise für den Fern- und Nahverkehr sowie zwei Durchgangsgleise der Washington Metro auf. Die Union Station ist südlicher Endpunkt des elektrifizierten Northeast Corridor von New York - Boston, einer dicht befahrenen Hauptstrecke. Der Fernreiseverkehr wird heute von der halbstaatlichen Gesellschaft Amtrak betrieben, die 1971 den defizitären Fernreisezugverkehr von den meisten amerikanischen, privaten Bahngesellschaften übernommen hatte. Weiter verkehren hier Regional- und Vorortzügen von MARC Train und Virginia Railway Express. Darüber hinaus befindet sich unter dem Westflügel der Washington Union Station ein Haltepunkt gleichen Namens der »Roten Linie« der U-Bahn von Washington, D.C., der Washington Metro. | Picture alliance/dpa

East Glacier Park Station – USA

Auch der Glacier National Park, gelegen im Bundesstaat Montana, lässt sich per Eisenbahn erreichen. Die Aufnahme zeigt die Einfahrt des Amtrak-Fernverkehrszuges »Empire Builder«, der Chicago mit Portland und Seattle verbindet und für die rund 3.6000 Kilometer lange Strecke knapp zwei Tage braucht, in den malerischen Bahnhof, der den Namen des Nationalparks trägt. Das Gebäude im rustikalen Stil wurde 1912 von der Great Northern Railway erstellt. Der Bahnhof ist nur wärhend der Touristensaison von Mitte Frühling bis Mitte Herbst geöffnet. Es befindet sich neben der beliebten, geschichtsträchtigen Glacier Park Lodge.
| picture alliance/Bildagentur-online/AGF-Foto

San Diego – USA

Besuch auf dem Bahnhof von San Diego, der 1915 von der Atchison, Topeka & Santa Fe Railroad in Betrieb genommen wurde. Heute wird der rege Reisezugverkehr von Amtrak abgewickelt. Links steht ein »Surfliner« abfahrbereit, so genannt, weil sein Laufweg von San Diego über Los Angeles nach San Luis Obispo weitgehend entlang des Pazifiks mit seinem Traumstränden für Surfer verläuft. Das rechts im Bild zu sehende Empfangsgebäude im spanischen Kolonialstil (Bakewell & Brown Jr) mit den zwei hervorstechenden, eleganten Türmen wurde gebaut, um mit dem wachsenden Ansturm an Besuchern fertig zu werden, die hierher kamen, um die Panama-California Exposition in Balboa Park zu besuchen. Das Santa Fe-Gebäude ersetzte damals einen kleineren Bahnhof, der 1885 für die Santa Fe Railroad errichtet worden war. Die Innenhalle ist mit kunstvollen gelb-blauen Fliesen verkleidet. | Picture alliance/Frank Duenzl

Mexiko City – Mexiko

Wie an einem Lineal gezogen verläuft die Metrolinie B entlang der Central Avenue Ecatepec. In Bildmitte ist der Ecatepec zu erkennen, eine der wichtigsten Metro-Station in der Millionenstadt Mexiko City. Am 19. April 1967 entschied der „Ejecutivo Federal" von Mexiko-Stadt, ein U-Bahn-System in der immer schneller wachsenden Stadt zu errichten und damit der drückenden Verkehrsprobleme Herr zu werden. Bereits im September 1969 wurde die erste Strecke der ersten mexikanischen U-Bahn mit einer Länge von 11 Kilomeer und 16 Stationen in Betrieb genommen. Bis 1972 wuchs das Netz auf 40,8 Kilometer mit 48 Stationen, womit die erste Phase der Metro von Mexiko-Stadt fertiggestellt war. Durch laufenden Ausbau des Netzes besteht es derzeit aus zwölf Linien mit insgesamt 250 Kilometer Strecke. Der Bahnhof Ecatepec entstand 1999/2000 mit Eröffnung der Linie B, die mit einer Länge von gut 20 Kilometern von Buenavista nach Ciudad Azteca führt. Die U-Bahn in Mexiko City umfasst insgesamt 195 Stationen, von denen auch 24 Umsteigestellen zwischen den Linien sind. 115 Stationen sind unterirdisch (die tiefste Station ist Barranca del Muerto, dies befindet sich 36 Meter unter dem Straßenniveau), 55 oberirdisch und 25 befinden sich auf Stelzen. Linie 1 verkehrt ausschließlich im Tunnel, während Linie 4 komplett oberirdisch verläuft. Die anderen Linien weisen sowohl unter- als auch oberirdische Abschnitte auf. Als Besonderheit sei noch erwähnt, dass auf der Linie B ausschließlich Fahrzeuge mit Gummirädern zum Einsatz kommen, ähnlich einiger Fahrzeuge der Pariser Metro. | JorgePM/shutterstock.com

Barancas – Mexiko

Auch wenn gerade kein Zug fährt, Bahnhöfe haben eine fast magische Anziehungskraft auf die Bevölkerung, die sich dort gerne trifft. Das gilt auch für Barancas in Mexiko, das nur über ein ärmlich wirkendes Empfangsgebäude verfügt. Der kleine Haltepunkt ist ein Zwischenbahnhof der Chihuahua al Pacifico Railroad, die von der Hafenstadt Topolobampa mit atemberaubender Streckenführung nach Chihuahua führt. Die Strecke dient in erster Linie dem Güterverkehr, einziger Reisezug ist der »El Chepe«, der vor allem touristischen Zwecken dient. | picture alliance/Richard Pitcairn-Knowles/TopFoto

Cárdenas – Kuba

Schon bessere Zeiten gesehen hat der Bahnhof Bahnhof San Martin in Cárdenas auf Kuba, einer Hafenstadt im Norden der Insel. Hier warten zwei im Nahverkehr eingesetzte Schienenbusse auf die Abfahrt. Die Eisenbahn in Kuba befindet sich heute in einem abgewirtschafteten Zustand. Cárdenas spielt in der Geschichte Kubas insofern eine Rolle, als die Bewohner der Stadt 1962 gegen die Einschränkungen der Freiheit und gegen die Lebensmittelrationierungen unter Fidel Castros Regierung protestierten. Die Regierung setzte Militär gegen das »konterrevolutionäre Lumpenproletariat« (Fidel Castro) ein. | picture alliance/Arco Images GmbH

Kaum Bedeutung hat die Eisenbahn in Mittelamerika. In Nicaragua erinnert nur noch eine Denkmallok an die Eisenbahnzeit, in Honduras fahren ebenfalls keine Züge, wenngleich an eine Wiedereröffnung des 700 Kilometer langen Streckennetzes gedacht wird. Auch in El Salvador verrosten die Gleise, weil kein Zug mehr fährt. Noch etwas anders sieht es auch Kuba aus: Die staatliche Eisenbahngesellschaft Ferrocarriles de Cuba betreibt das einzige noch für den Personenverkehr in Betrieb stehende staatliche Eisenbahnnetz auf einer karibischen Insel. Es gehört zu den ältesten weltweit (seit 1836) und umfasst über 4.500 Kilometer, daneben gibt es noch zahlreiche Bahnen, die von den Zuckerfabriken betrieben werden. Mittlerweile engagiert sich China in Kuba und hat nicht nur neue Diesellokomotiven geliefert, sondern auch Know-How für die Instandhaltung und Modernisierung des Bahnnetzes.

Meyer – Kuba

Kinder und Jugendliche warten der Nähe von Trinidad (Region Sancti Spíritus) am Bahnhof Meyer auf den nächsten Zug. Trinidad an der zentralen Südküste Kubas hat 75.000 Einwohner und gehört seit 1988 gemeinsam mit den außerhalb liegenden Zuckerrohrplantagen im Valle de los Ingenios zum Weltkulturerbe der UNESCO. Von Trinidad aus gibt es keine Verbindung zum sonstigen Schienennetz Kubas, es ist ein Inselbetrieb. Da es bei diversen Fahrzeugen Schadfälle gibt, ist die letzte Zeit der Zugebtrieb sehr ausgedünnt.
| Jens Büttner/picture alliance / ZB

Trinidad – Kuba

Wartung und Unterhalt der Fahrzeuge: Das Gebäude links ist vom Einsturz bedroht. Rechts sind ein Schienenbus und ein Reisezugwagen abgestellt, im Hintergrund ist die metallene Freilufthalle zu erkennen, in der bei Bedarf Wartungsarbeiten an den Fahrzeugen durchgeführt – wenigstens vor Regen sind die Bahnmitarbeiter dort geschützt.
| EB Adventure Photography/Shutterstock

Ein zusammenhängendes Schienennetz besteht nicht. Ein dichtes Netz existiert insbesondere im Bereich der Metropolen an den Küsten, beispielsweise im Raum Rio de Janeiro, São Paulo, Buenos Aires, Caracas oder im Raum Santiago de Chile. Verbindungen bestehen zwischen den Schienennetzen Brasiliens, Boliviens, Argentiniens, Chiles, Paraguays und Uruguays. Die Eisenbahnnetze Perus, Ecuadors, Kolumbiens, Venezuelas und Guyanas sind hingegen isoliert. In Surinam und in Französisch-Guayana existiert derzeit kein Schienenverkehr. Die Schienennetze im Hinterland Brasiliens, Argentiniens und Chiles sind in den vergangenen Jahrzehnten stark ausgedünnt worden. Problematisch sind die sehr unterschiedlichen gebräuchlichen Spurweiten von 600 mm, 760 mm, 1.000 mm, 1.435 mm, 1.600 mm und 1.676 mm, die eine Vereinheitlichung des Schienenverkehrs in Südamerika behindern. Für den Personenverkehr besitzt der Schienenverkehr nur eine untergeordnete Bedeutung, lediglich der Vorortverkehr wird vom Publikum angenommen.

Montevideo – Uruguay

Die Estación Central General Artigas war der Hauptbahnhof der uruguayischen Hauptstadt Montevideo. Nach verschiedenen, kleineren Bahnhöfen im Umfeld des heutigen Bahnhofes wurde der Bau des italienischen Architekten Luis Andreoni am 15. Juli 1897 in Betrieb genommen. Bedingt durch das Urbanisierungskonzept »Plan Fénix« wurde der Bahnhof zum 1. März 2003 stillgelegt und durch einen wesentlich kleineren Bahnhof 500 Meter weiter nördlich ersetzt. Bis heute ist das Gebäude ungenutzt, wenngleich es hierzu verschiedene Planungen gab und gibt. Da sich der neue Bahnhof aber nicht bewährte, wurde der mittlerweile denkmalgeschützte alte Bahnhof im Jahre 2007 wieder ans Bahnnetz angeschlossen – zu einer Wiederaufnahme des Reisezugverkehrs ist es aber bis heute nicht gekommen. Die Aufnahme entstand von der Gleisseite aus, die oben sichtbaren Metallträger sind Bestandteil der großen Bahnhofshalle, die sieben Gleise überspannte. | Pablo Bauza/Shutterstock

Colonia del Sacramento – Uruguay

Wir befinden uns in der ältesten Stadt Uruguays. Wer heute Colonia besucht, kommt vermutlich in erster Linie wegen der beeindruckenden Altstadt. Doch kann leider niemand mehr per Bahn kommen. Die Strecke von Colonia über Mal Abrigo und San José nach Montevideo ist bis San José stillgelegt. So blickt auch der schmucke Bahnhof nur noch auf zugewucherte Gleise. | Ramon Martinez/shutterstock.com

São Paolo Luz – Brasilien

Die Bahnhof Luz wurde im Jahr 1867 errichtet. Er war lange Zeit wichtig als Umschlagsplatz für Güter, die vom Hafen und zum Hafen von São Paolo kamen. Kaffee war dabei eines der wichtigsten Handelsgüter. Und für den Personenverkehr war er Portal zur Stadt. Vom Erscheinungsbild her könnte der Bahnhof auch in Manchester oder Liverpool stehen, und das ist nicht verwunderlich. Der Entwurf stammt vom Briten Henry Driver. Gebaut wurde er bis 1901 durch die Glasgower Firma Walter Macfarlane & Co. Saracen Foundry. Die gusseiserne Metallstruktur des Bahnhofsgebäudes wurde in Glasgow errichtet, anschließend in Einzelteile zerlegt, nach São Paulo transportiert und dort wieder zusammengesetzt. Lediglich das Mauerwerk wurde vollständig vor Ort errichtet. Damals ragte der Uhrturm des Bahnhofs weit über die Dächer von São Paulo empor und an seiner Uhrzeit orientierten sich alle anderen Uhren der Stadt. In den 1940er-Jahren fiel der Bahnhof Luz einem Brand zum Opfer und im Zuge der Restaurierung wurde ein weiteres Stockwerk für administrative Belange hinzugefügt. Nach und nach verlor der Bahnverkehr in Brasilien jedoch an Bedeutung, was auch das Viertel Luz stark zu spüren bekam. Der Bahnhof begann zu verfallen und wurde erst in den 1990er-Jahren wieder renoviert und bis 2010 großzügig erweitert und ausgebaut. Die architektonische Leitung übernahmen Paulo Mendes da Rocha und sein Sohn Pedro. | Alf Ribeiro/shutterstock.com

Antofagasta – Chile

Das Bahnhofsgebäude von Antofagasta in Chile dient heute in erster Linie als Sitz der Verwaltung der Antofagasta (Chili) & Bolivia Railway, abgekürzt FCAB. Diese private Eisenbahngesellschaft betreibt die 1152 Kilometer lange Gebirgsbahn von Antofagasta in Chile nach La Paz in Bolivien bis zur Grenzstation Ollagüe. Auf dieser Strecke wird in erster Linie Güterverkehr abgewickelt, die rechts im Bild zu sehenden Personenwagen erinnern an die Zeit des Reisezugverkehrs – das Ensemble aus altem Bahnhof, Gepäckkarren und Holz-Reisezugwagen wirkt wie ein kleines Eisenbahnmuseum. | picture-alliance / Ralf Braum

Puerto Varas – Chile

Nebel oder Dunst liegt über dem Bahnhof von Puerto Varas, einer Stadt in der chilenischen Region Los Lagos, die einst von deutschen Einwanderern aufgebaut und erweitert wurde und heute touristisch geprägt ist. Der typische Landbahnhof weist alles auf, was zu einem Bahnhof gehört: Links der Güterschuppen, hinter dem der Wasserturm sichtbar ist. Auf dem Mittelbahnsteig erkennt man neben Formsignalen einen Wasserkran aus Dampflokzeiten. Rechts daneben die Bahnsteigüberdachung des Empfangsgebäudes. Das Stumpfgleis ganz recht wird nicht mehr benötigt und ist durch den Ausbau einer Weiche bereits vom Gleisnetz abgehängt.
| Picture alliance/imageBROKER

101

101

Esquel – Argentinien

La Trochita (offizieller Name: Viejo Expreso Patagónico), auch als Altpatagonien-Express bekannt, ist eine 750-Millimeter-Schmalspurbahn in Argentinien, die mit Dampflokomotiven betrieben wird. Die Trochita-Eisenbahn ist 402 km lang und verläuft durch die Ausläufer der Anden zwischen Esquel und El Maitén in der Provinz Chubut und Ingeniero Jacobacci in der Provinz Río Negro. In Teilstücken bis 1945 fertiggestellt, wurde 1992 die Einstellung des Betriebs beschlossen. Doch der Widerstand gegen diese Pläne war groß, so dass bis heute auf Teilstücken der Bahn Touristenverkehr angeboten wird, für den 22 Dampfloks – davon derzeit sieben betriebsfähig – zur Verfügung stehen. Die Aufnahme zeigt den Bahnhof Esquel mit einem abfahrbereiten Dampfzug, geführt von einer von Henschel gebauten 1'D1'-Schlepptenderlok.
| picture alliance/imageBROKER

IMPRESSUM

Verantwortlich: Lothar Reiserer
Redaktion: Michael Dörflinger
Layout/Satz: GM
Repro: LUDWIG:media
Korrektorat: Azur Media, Augsburg
Einbandgestaltung: Lothar Reiserer
Herstellung: Anna Katavic
Printed in Italy by Printer Trento

★ ★ ★ ★ ★

Sind Sie mit diesem Titel zufrieden? Dann würden wir uns über Ihre Weiterempfehlung freuen. Erzählen Sie es im Freundeskreis, berichten Sie Ihrem Buchhändler, oder bewerten Sie bei Ihrem nächsten Onlinekauf. Und wenn Sie Kritik, Korrekturen oder Aktualisierungen haben, freuen wir uns über Ihre Nachricht an GeraMond Verlag, Postfach 40 02 09, D-80702 München oder per E-Mail an lektorat@verlagshaus.de.

Unser komplettes Programm finden Sie unter www.geramond.de

Bildnachweis Umschlag:
Umschlagvorderseite: picture alliance/imageBROKER
Umschlagrückseite: Natasha Karpuk/shutterstock.com (u. l.) – picture alliance/Heritage-Images (o. l.) – picture alliance/imageBROKER (u. und o. r.)

Die Deutsche Nationalbibliothek verzeichnet diese Publikation in der Deutschen Nationalbibliografie; detaillierte bibliografische Daten sind im Internet über http://dnb.d-nb.de abrufbar.

ISBN 978-3-96453-083-7